JN023853

工科系のための

偏微分方程式入門

岡 康之・平山 浩之・鈴木 俊夫・藤ノ木 健介 [共著]

学術図書出版社

はじめに

　針金のような一様にかつ非常に細く，その表面は断熱されている長さ L の物体上の熱の伝導を考える．この物体を 1 次元の線分とみなし，数直線上の区間 $0 \le x \le L$ と同一視する．そして，位置 x，時刻 t における物体の温度を $u(x,t)$ と表し，次の仮定をおく．

1. 熱は温度の高い場所から低い場所に移る．
2. (フーリエの法則) 物体内の適当な点 x を境にして，その右側部分から左側部分に単位時間あたりに流れ込む熱の移動量は，温度勾配（温度差）に比例する．つまり，$k(x)\dfrac{\partial u}{\partial x}$ に等しい．ここで，$k(x)$ は点 x における物体の熱伝導率を表す．
3. 物体の内部で新たな熱の発生や吸収は起こらない．

ここで，点 x における物理的な性質を示す量として，$\rho(x)$ を物体の密度とし，$c(x)$ を物体の比熱とする．このとき，(熱量) = (比熱) × (質量) × (温度) の関係から，区間 $[0,L]$ 内の任意の部分区間 (a,b) における総熱量 $Q(t)$ は

$$Q(t) = \int_a^b c(x)\rho(x)u(x,t)\ dx$$

で与えられる．この両辺を t で微分すると，区間 (a,b) 内における総熱量の時間による変化量は，

$$\frac{d}{dt}Q(t) = \int_a^b c(x)\rho(x)\frac{\partial u}{\partial t}(x,t)\ dx \tag{1}$$

となる．一方で，仮定 1 と仮定 2 より，区間 (a,b) 内における総熱量の時間による変化量は，

$$\frac{d}{dt}Q(t) = k(b)\frac{\partial u}{\partial x}(b,t) - k(a)\frac{\partial u}{\partial x}(a,t) = \int_a^b \frac{\partial}{\partial x}\left(k(x)\frac{\partial u}{\partial x}(x,t)\right)\ dx \tag{2}$$

とも表せる．よって，(1) と (2) より，任意の部分区間 (a,b) において，

$$c(x)\rho(x)\frac{\partial u}{\partial t} = \frac{\partial}{\partial x}\left(k(x)\frac{\partial u}{\partial x}(x,t)\right)$$

がいたるところ成り立つと考えられる．この偏微分方程式を熱方程式または熱伝導方程式という．特に，c, ρ, k がいずれも定数であるとき，$\alpha = k/(c\rho)$ とおくと，

$$\frac{\partial u}{\partial t} = \alpha \frac{\partial^2 u}{\partial x^2} \tag{3}$$

となる．本書では，熱方程式 (3) の時刻 $t = 0$ における温度分布 $u_0(x)$ の情報（初期条件）と物体の両端 $x = 0, x = L$ における情報（境界条件）$u(0,t) = u(L,t) = 0$ （つまり，物体の両端で温度が 0）を与えた初期値・境界値問題

$$\begin{cases} \dfrac{\partial u}{\partial t} = \alpha \dfrac{\partial^2 u}{\partial x^2}, & 0 < x < L,\ t > 0, \\ u(x,0) = u_0(x), & 0 \leq x \leq L, \\ u(0,t) = u(L,t) = 0, & t > 0 \end{cases}$$

の解法について学んでいく．さらに，有限時間 $0 \leq t \leq T$ の範囲での問題では，（具体的な解の表示を得ることなく）解の振る舞いを調べるための 1 つの手段である数値解析の手法を学ぶ．また，数直線全体（$-\infty < x < \infty$）を占める物質内の温度変化が熱方程式 (3) によって記述されているとする．このとき，$t = 0$ における初期条件 $u_0(x)$ を与えた初期値問題

$$\begin{cases} \dfrac{\partial u}{\partial t} = \alpha \dfrac{\partial^2 u}{\partial x^2}, & -\infty < x < \infty,\ t > 0, \\ u(x,0) = u_0(x), & -\infty < x < \infty \end{cases}$$

の解法も議論する．

　本書では熱方程式以外にも波動方程式・ラプラス方程式などの偏微分方程式も扱う（詳細は目次を参照）．これらの偏微分方程式の問題を考えるために必要となる知識は，フーリエ解析，ラプラス変換，常微分方程式となる．偏微分方程式の話題に入る前に，これらのことをまとめる．本書は具体的に以下のように構成される．

第 1 章　フーリエ級数
第 2 章　フーリエ変換
第 3 章　ラプラス変換
第 4 章　常微分方程式

　第5章が本書の主要部分である．第5章を学ぶために第1章から第4章で必要な知識を学習する．

　第1章では，周期関数に対するフーリエ級数やフーリエ正弦級数・フーリエ余弦級数を学ぶ．フーリエ級数は第5章における偏微分方程式の初期値・境界値問題を考える際に主要な道具となる．

　第2章では，周期を持たない関数に対して，フーリエ級数の考え方を拡張したフーリエ変換を学ぶ．ここでは，工学において重要なデルタ関数も扱う．ただし紙面の都合上，デルタ関数については超関数の議論には踏み込まず，形式的な議論のみを行っている．最後に，微分などの各種演算とフーリエ変換の関係式を学ぶ．フーリエ変換は第5章における偏微分方程式の初期値問題を考える際に主要な道具となる．

　第3章では，ラプラス変換とラプラス逆変換の計算練習を中心に学ぶ．本書では，ラプラス変換と第5章との関係は希薄であるが，工学におけるラプラス変換の重要性を鑑みて本書に取り入れた．第5章の章末問題には，ラプラス変換を用いる偏微分方程式の問題もあるので，ぜひ考えてみてほしい．

　第4章では，1階および2階の常微分方程式を，第5章に必要な部分を中心に学ぶ．したがって，本書では例えば同次形や完全微分方程式，積分因子の話題には触れていないので，必要に応じて参考文献などで補ってほしい．常微分方程式の解法の知識は，第5章で偏微分方程式の解を求める際に必要となる．

　第5章では，熱方程式や波動方程式の初期値・境界値問題および初期値問題の解法を学ぶ．また，長方形領域上や円盤領域上でのラプラス方程式の境界値問題の解法も学ぶ．最後に，他書ではあまり触れられない話題として，時間変化を伴うラプラス方程式の初期値・境界値問題を扱う．この初期値・境界値問題を通して，波の伝搬の性質の1つである分散性についても述べる．分散性は，第6章およびあとがきで登場する KdV 方程式とも関連が深い性質である．紙面の都合上，基本解の話題には熱核以外についてはほとんど触れていない．基本解については参考文献などでぜひ学んでほしい．

　第 6 章では，微分方程式の数値解法の基礎を学び，いくつかの方程式の解のグラフ（解曲線）の描画を試みる．まずロジスティック方程式やローレンツ方程式などの常微分方程式に対し，オイラー法やホイン法，ルンゲ – クッタ法を用いてそれらの近似解のグラフ（解曲線）を描画する．次に，熱方程式や波動方程式などの偏微分方程式に対して差分法を用いた解法を与え，それらのグラフを描画する．最後に，差分法以外の数値解法の例として KdV 方程式の離散フーリエ変換を用いた解法を紹介する．一般に数値解法をコンピュータを用いて計算するためには，与えられた微分方程式を離散化する必要がある．離散化することで得られる連立方程式などを解くことで近似解が求められるが，紙面の都合上，数値計算の際に現れる連立方程式の数値解法には触れない．また，厳密解と近似解との誤差についても細かくは触れず，微分方程式の数値解法の紹介を中心に行う．

　付録には，第 1 章～第 6 章で割愛した「数学的な厳密性」などの話題をまとめた．具体的には，フーリエ級数の収束性，1 階常微分方程式の解の一意存在性，熱方程式の初期値・境界値問題における解の正当性，熱方程式の初期値問題における解の正当性，離散フーリエ変換についてまとめられている．

　最後にあとがきとして，KdV 方程式を例にとり非線形偏微分方程式の話題にも少し触れた．また，読者の参考になればと考え，第 1 章から第 5 章までの各章の章末問題の解答および第 6 章の各例題に対する描画のためのコードを以下の URL 内で公開している：

　　https://www.gakujutsu.co.jp/text/isbn978-4-7806-1092-5/

必要に応じて参考にしてもらいたい．

　本書は，例題の解法や章末問題を通して，必要な「基礎知識」を修得することを目的に作成されている．したがって，より深く学びたい読者は，巻末に参考文献を掲載したので，そちらを参考にしてほしい．

　最後に，今回執筆の機会と企画の段階から有益な助言を多数頂いた学術図書出版社の貝沼稔夫氏に深く謝意を表したい．

　　2022 年 12 月

　　　　　　　　　　　　　　　　　　　　　　　　　　　　　　　　　　著者

目次

第1章　フーリエ級数

　ジョゼフ・フーリエ（1768–1830）は，固体内における熱の伝導の研究を行い，その数学的な研究に従事した．研究を行う過程で考案されたのがフーリエ級数とフーリエ積分である．そのアイデアは，関数を三角関数の無限和（三角級数）の形で表すというものであったが，フーリエ自身はその収束性についてあまり厳密な証明を与えなかった．それゆえ，関数の三角級数による展開の研究は，ドイツの数学者グスタフ・ルジョンヌ-ディリクレ（1805–1859）などを中心に 19 世紀を通して継続された（例えば，1823 年に，ディリクレによりフーリエ級数の収束に関する重要な定理が証明されている（**Point 1.3**））．余談ではあるが，フーリエは 1798 年にナポレオンのエジプト遠征に同行したり，1802 年にイーゼル県の知事に任命されたりと政治家の一面も持つことが知られている．本章では，周期関数を三角関数を用いて表現するフーリエ級数展開について学ぶ．本章で学ぶことは，第 5 章における熱方程式などの初期値・境界値問題を解く際に強力な数学的道具となる．

1.1　フーリエ級数

　関数 $f(x)$ がすべての x に対し $f(x + L) = f(x)$ を満たすとき，$f(x)$ を周期 L の**周期関数**と呼ぶ．周期 2π の周期関数 $f(x)$ が，

$$f(x) \sim \frac{a_0}{2} + \sum_{n=1}^{\infty} (a_n \cos nx + b_n \sin nx) \tag{1.1.1}$$

と表されるとして，その係数 $a_0, a_1, a_2, \cdots, b_1, b_2, \cdots$ を形式的計算で求めることを考える．まずは，a_0 を形式的計算で求める．(1.1.1) の両辺を $-\pi$ から π まで積分すると，

$$\int_{-\pi}^{\pi} f(x)\, dx = \frac{a_0}{2} \int_{-\pi}^{\pi} dx + \sum_{n=1}^{\infty} \left(a_n \int_{-\pi}^{\pi} \cos nx\, dx + b_n \int_{-\pi}^{\pi} \sin nx\, dx \right)$$

$$\tag{1.1.2}$$

となる. ここで,

$$\int_{-\pi}^{\pi} \cos nx \; dx = \int_{-\pi}^{\pi} \sin nx dx = 0 \quad (n = 1, 2, \cdots)$$

なので, (1.1.2) より,

$$a_0 = \frac{1}{\pi} \int_{-\pi}^{\pi} f(x) \; dx$$

を得る. 次に, $a_m \; (m = 1, 2, \cdots)$ を形式的計算で求める. (1.1.1) の両辺に $\cos mx$ をかけて, $-\pi$ から π まで積分すると,

$$\int_{-\pi}^{\pi} f(x) \cos mx \; dx = \frac{a_0}{2} \int_{-\pi}^{\pi} \cos mx \; dx + \sum_{n=1}^{\infty} \left(a_n \int_{-\pi}^{\pi} \cos nx \cos mx \; dx \right.$$
$$\left. + b_n \int_{-\pi}^{\pi} \sin nx \cos mx \; dx \right) \quad (1.1.3)$$

となる. いま,

$$\int_{-\pi}^{\pi} \cos nx \cos mx \; dx = \begin{cases} \pi & (n = m) \\ 0 & (n \neq m) \end{cases}, \quad \int_{-\pi}^{\pi} \sin nx \cos mx \; dx = 0$$

となるので, (1.1.3) より,

$$a_m = \frac{1}{\pi} \int_{-\pi}^{\pi} f(x) \cos mx \; dx$$

を得る. 同様にして $b_m \; (m = 1, 2, \cdots)$ を求めると,

$$b_m = \frac{1}{\pi} \int_{-\pi}^{\pi} f(x) \sin mx \; dx$$

となる. 周期 $2L$ の場合も同じようにして求めることができる. そこで, $f(x)$ のフーリエ係数およびフーリエ級数を次のように定める.

Point 1.1 (周期 $2L$ の周期関数のフーリエ級数)
$f(x)$ を周期 $2L$ の周期関数とする. $a_0, a_n, b_n \; (n = 1, 2, \cdots)$ をそれぞれ

$$a_0 = \frac{1}{L} \int_{-L}^{L} f(x) \; dx, \quad a_n = \frac{1}{L} \int_{-L}^{L} f(x) \cos \frac{n\pi}{L} x \; dx$$

$$b_n = \frac{1}{L} \int_{-L}^{L} f(x) \sin \frac{n\pi}{L} x \, dx$$

とするとき,

$$\frac{a_0}{2} + \sum_{n=1}^{\infty} \left(a_n \cos \frac{n\pi}{L} x + b_n \sin \frac{n\pi}{L} x \right)$$

を周期 $2L$ の周期関数 $f(x)$ の**フーリエ級数**または**フーリエ級数展開**といい,その係数 $a_0, a_n, b_n \ (n = 1, 2, \cdots)$ を**フーリエ係数**という. このとき, 形式的に

$$f(x) \sim \frac{a_0}{2} + \sum_{n=1}^{\infty} \left(a_n \cos \frac{n\pi}{L} x + b_n \sin \frac{n\pi}{L} x \right)$$

と表す.

注意 1.1 一般に三角関数に対し,次の直交関係が成立する. $L > 0$ とするとき,任意の自然数 n, m に対して,

$$\frac{1}{L} \int_{-L}^{L} \cos \frac{n\pi}{L} x \cos \frac{m\pi}{L} x \, dx = \begin{cases} 1 & (n = m) \\ 0 & (n \neq m) \end{cases},$$

$$\frac{1}{L} \int_{-L}^{L} \sin \frac{n\pi}{L} x \sin \frac{m\pi}{L} x \, dx = \begin{cases} 1 & (n = m) \\ 0 & (n \neq m) \end{cases}$$

が成り立つ. また,

$$\int_{-L}^{L} \cos \frac{n\pi}{L} x \sin \frac{m\pi}{L} x \, dx = 0$$

となる.   ◇

　フーリエ級数の収束（フーリエ級数展開可能かどうか）の議論は難しく,周期関数 $f(x)$ に与える条件などによって,収束の意味に違いが現れる. 本書では,関数 $f(x)$ に次で定義される「区分的に滑らか」という条件を与える. なお,関数 $f(x)$ が微分可能かつ導関数 $f'(x)$ が連続であるとき,$f(x)$ は滑らかである,もしくは $f(x)$ は C^1 級であるという. 以下では,関数 $f(x)$ の右側極限 $\lim_{\substack{h \to 0 \\ h > 0}} f(x+h)$ および左側極限 $\lim_{\substack{h \to 0 \\ h > 0}} f(x-h)$ をそれぞれ,$f(x+0)$ および $f(x-0)$ と書くこととする.

Point 1.2（区分的に滑らかな関数）
$f(x)$ が区間 $[a,b]$ 上の有限個の点 $c_1, \cdots c_k$ を除いて C^1 級で，点 c_i $(i = 1, \cdots, k)$ では $f(c_i + 0)$, $f(c_i - 0)$, $f'(c_i + 0)$, $f'(c_i - 0)$ が存在するとき，関数 $f(x)$ は $[a,b]$ 上区分的に滑らか（区分的に C^1 級）であるという．

注意 1.2　1. c_i が区間の端点 a の場合には，右側極限 $f(a+0)$ および $f'(a+0)$ の存在のみを必要とする．同様に c_i が b の場合には，左側極限 $f(b-0)$ および $f'(b-0)$ の存在のみを必要とする．

　　2. 区分的に滑らかとは，区分的に連続かつ導関数も区分的に連続ということである．ここで関数 $f(x)$ が区間 $[a,b]$ 上区分的に連続とは，$[a,b]$ 内の有限個の点 $c_1, \cdots, c_k$ を除いて連続であり，点 c_i $(i = 1, 2, \cdots)$ では $f(c_i + 0)$ と $f(c_i - 0)$ が存在することをいう．　　　　　　　　◇

　区分的に滑らかな周期関数 $f(x)$ のフーリエ級数の収束性については，次のディリクレの収束判定条件が知られている．

Point 1.3（ディリクレの収束判定条件）
$f(x)$ は周期 $2L$ の周期関数で，区分的に滑らかであるとする．このとき，$f(x)$ のフーリエ級数は $\dfrac{f(x+0) + f(x-0)}{2}$ に収束する．つまり，

$$\frac{a_0}{2} + \sum_{n=1}^{\infty} \left(a_n \cos \frac{n\pi}{L} x + b_n \sin \frac{n\pi}{L} x \right) = \frac{f(x+0) + f(x-0)}{2}$$

が成立する．

注意 1.3　1. Point 1.3 からわかることは，「$f(x)$ が連続関数ならフーリエ級数は $f(x)$ に収束し，$f(x)$ が不連続関数なら，そのフーリエ級数は不連続となる点 c において，$f(x+0)$ と $f(x-0)$ との中点に収束する」ということである．

2. Point 1.3 の証明には，例えばディリクレ核 $D_N(x)$ と呼ばれる関数項級数

$$D_N(x) = \sum_{n=-N}^{N} e^{i \frac{n\pi}{L} x}$$

が必要になる．詳細は [新井] などを参照のこと．　　　　　　　　　◇

例題 1.1 (周期 $2L$ のフーリエ級数)

次のように定義された周期関数 $f(x)$ のフーリエ級数を求めよ．

(1) $f(x) = \begin{cases} 0 & (-1 \le x < 0) \\ 1-x & (0 \le x < 1) \end{cases}$ （周期 2）

(2) $f(x) = \pi - |x| \ (-\pi \le x \le \pi)$ 　（周期 2π）

(3) $f(x) = x \ (-1 < x \le 1)$ 　　　　（周期 2）

解 (1) $n = 1, 2, \cdots$ とする．いま，$f(x)$ は周期 2 の関数であるので，

$$a_0 = \int_{-1}^{1} f(x) \, dx = \int_0^1 (1-x) \, dx = \left[x - \frac{1}{2} x^2 \right]_0^1 = \frac{1}{2},$$

$$\begin{aligned}
a_n &= \int_{-1}^{1} f(x) \cos n\pi x \, dx \\
&= \int_0^1 (1-x) \cos n\pi x \, dx \\
&= \left[\frac{1}{n\pi} (1-x) \sin n\pi x \right]_0^1 + \frac{1}{n\pi} \int_0^1 \sin n\pi x \, dx \\
&= 0 + \frac{1}{n\pi} \left[-\frac{1}{n\pi} \cos n\pi x \right]_0^1 \\
&= -\frac{1}{n^2 \pi^2} (\cos n\pi - 1) = -\frac{1}{n^2 \pi^2} \{ (-1)^n - 1 \},
\end{aligned}$$

$$b_n = \int_{-1}^{1} f(x) \sin n\pi x \, dx$$

$$= \int_{0}^{1} (1 - x) \sin n\pi x \, dx$$

$$= \left[-\frac{1}{n\pi}(1 - x)\cos n\pi x \right]_{0}^{1} - \frac{1}{n\pi}\int_{0}^{1}\cos n\pi x \, dx$$

$$= -\frac{1}{n\pi}(0 - 1) - \frac{1}{n\pi}\left[\frac{1}{n\pi}\sin n\pi x \right]_{0}^{1}$$

$$= \frac{1}{n\pi} - \frac{1}{n^2\pi^2}(0 - 0) = \frac{1}{n\pi}$$

を得る．以上より，求めるフーリエ級数は，

$$f(x) \sim \frac{1}{4} + \sum_{n=1}^{\infty}\left\{ \frac{1}{n^2\pi^2}(1 - (-1)^n)\cos n\pi x + \frac{1}{n\pi}\sin n\pi x \right\}$$

である．

(2) $n = 1, 2, \cdots$ とする．いま，$f(x)$ は周期 2π の連続関数かつ偶関数であるので，$b_n = 0$ である．また，

$$a_0 = \frac{1}{\pi}\int_{-\pi}^{\pi} f(x) \, dx = \frac{2}{\pi}\int_{0}^{\pi}(\pi - x) \, dx = \frac{2}{\pi}\left[\pi x - \frac{1}{2}x^2 \right]_{0}^{\pi}$$

$$= \frac{2}{\pi}\left\{ \left(\pi^2 - \frac{\pi^2}{2} \right) - (0 - 0) \right\} = \pi,$$

$$a_n = \frac{1}{\pi}\int_{-\pi}^{\pi} f(x)\cos nx \, dx$$

$$= \frac{2}{\pi}\int_{0}^{\pi}(\pi - x)\cos nx \, dx$$

$$= \frac{2}{\pi}\left\{ \left[\frac{1}{n}(\pi - x)\sin nx \right]_{0}^{\pi} + \frac{1}{n}\int_{0}^{\pi}\sin nx \, dx \right\}$$

$$= \frac{2}{n\pi}\left[-\frac{1}{n}\cos nx \right]_{0}^{\pi}$$

$$= -\frac{2}{n^2\pi}(\cos n\pi - 1)$$

$$= -\frac{2}{n^2\pi}\{(-1)^n - 1\}$$

$$= \begin{cases} \dfrac{4}{n^2\pi} & (n = 2m - 1) \\ 0 & (n = 2m) \end{cases} \quad (m = 1, 2, \cdots)$$

となる. 以上より, 求めるフーリエ級数は,

$$f(x) \sim \frac{\pi}{2} + \frac{4}{\pi}\sum_{n=1}^{\infty}\frac{\cos(2n - 1)x}{(2n - 1)^2}$$

である.

(3) $n = 1, 2, \cdots$ とする. いま, $f(x)$ は周期 2 の不連続関数で, (積分の計算上は) 奇関数であるので, $a_0 = a_n = 0$ となる. また,

$$b_n = \int_{-1}^{1} f(x)\sin n\pi x \; dx$$

$$= 2\int_{0}^{1} x\sin n\pi x \; dx$$

$$= 2\left\{\left[-\frac{1}{n\pi}x\cos n\pi x\right]_{0}^{1} + \frac{1}{n\pi}\int_{0}^{1}\cos n\pi x \; dx\right\}$$

$$= 2\left\{-\frac{1}{n\pi}(\cos n\pi - 0) + \frac{1}{n\pi}\left[\frac{1}{n\pi}\sin n\pi x\right]_{0}^{1}\right\}$$

$$= 2\left\{-\frac{(-1)^n}{n\pi} + \frac{1}{n^2\pi^2}(0 - 0)\right\} = \frac{2 \cdot (-1)^{n+1}}{n\pi}$$

を得る. 以上より, 求めるフーリエ級数は,

$$f(x) \sim \frac{2}{\pi}\sum_{n=1}^{\infty}\frac{(-1)^{n+1}}{n}\sin n\pi x$$

である. □

注意 1.4 図 1.1 (a), (c) の不連続点付近では，グラフが振動し一瞬ジャンプすることが確認できる．この現象は，近似する部分和の項数を増やしても解消されることなく発生し続ける．この現象のことを**ギブス現象**と呼ぶ．(b) のグラフには不連続点がないので，ギブス現象は現れていない． ◇

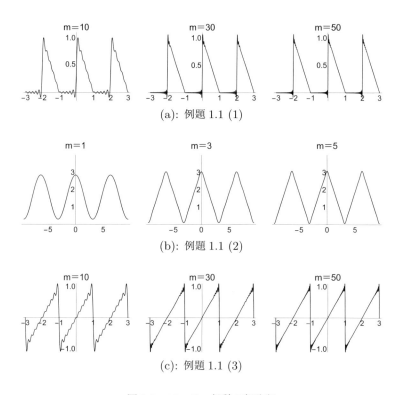

(a): 例題 1.1 (1)

(b): 例題 1.1 (2)

(c): 例題 1.1 (3)

図 1.1　フーリエ級数の部分和

例題 1.2 (無限級数への応用)

周期 2π の周期関数
$$f(x) = x^2 \ (-\pi \leq x \leq \pi)$$

のフーリエ級数を求めよ．また，無限級数 $\displaystyle\sum_{n=1}^{\infty} \frac{1}{n^2}$ の値を求めよ．

解 求めるフーリエ級数は,

$$f(x) \sim \frac{\pi^2}{3} + 4\sum_{n=1}^{\infty} \frac{(-1)^n}{n^2} \cos nx$$

となる. この右辺に $x = \pi$ を代入すると, $f(x)$ は $x = \pi$ で連続なので,

$$\pi^2 = \frac{\pi^2}{3} + 4\sum_{n=1}^{\infty} \frac{1}{n^2}$$

となる. ゆえに, $\displaystyle\sum_{n=1}^{\infty} \frac{1}{n^2} = \frac{\pi^2}{6}$ を得る. $\qquad\square$

1.2 フーリエ余弦級数, フーリエ正弦級数

区間 $[0, L]$ 上の関数 $f(x)$ が与えられたとき, $f(x)$ を偶関数に拡張した関数を基本周期 (1 周期) とする周期 $2L$ の周期関数 $g(x)$ のフーリエ級数を $f(x)$ の**フーリエ余弦級数**という. また, $f(x)$ を奇関数に拡張した関数を基本周期とする周期 $2L$ の周期関数 $h(x)$ (ただし $h(0) = 0$ とする) のフーリエ級数を $f(x)$ の**フーリエ正弦級数**という.

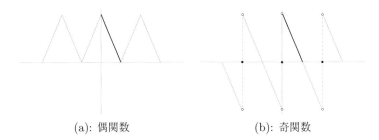

(a): 偶関数   (b): 奇関数

図 1.2 偶関数・奇関数に拡張された周期関数

例題 1.3 (フーリエ余弦級数・フーリエ正弦級数)
次の問に答えよ.

(1) 関数 $f(x) = x^2$ $(0 \leq x \leq \pi)$ のフーリエ余弦級数を求めよ.

(2) 関数 $f(x) = 2$ $(0 \leq x \leq \pi)$ のフーリエ正弦級数を求めよ.

解 (1) 関数 $f(x) = x^2$ $(0 \leq x \leq \pi)$ を偶関数 $g(x) = x^2$ $(-\pi \leq x \leq \pi)$ に拡張する．この拡張された偶関数を基本周期に持つ周期 2π の周期関数をあらためて $g(x)$ とする．いま，$n = 1, 2, \cdots$ とする．このとき，$g(x)$ のフーリエ係数は $b_n = 0$ で，

$$a_0 = \frac{1}{\pi} \int_{-\pi}^{\pi} x^2 \, dx = \frac{2}{\pi} \int_0^{\pi} x^2 \, dx = \frac{2}{\pi} \left[\frac{1}{3} x^3 \right]_0^{\pi} = \frac{2}{3\pi} (\pi^3 - 0) = \frac{2}{3} \pi^2,$$

$$
\begin{aligned}
a_n &= \frac{1}{\pi} \int_{-\pi}^{\pi} x^2 \cos nx \, dx \\
&= \frac{2}{\pi} \int_0^{\pi} x^2 \cos nx \, dx \\
&= \frac{2}{\pi} \left\{ \left[\frac{1}{n} x^2 \sin nx \right]_0^{\pi} - \frac{2}{n} \int_0^{\pi} x \sin nx \, dx \right\} \\
&= -\frac{4}{n\pi} \left\{ \left[-\frac{1}{n} x \cos nx \right]_0^{\pi} + \frac{1}{n} \int_0^{\pi} \cos nx \, dx \right\} \\
&= -\frac{4}{n\pi} \left\{ -\frac{\pi \cdot (-1)^n}{n} + \frac{1}{n} \left[\frac{1}{n} \sin nx \right]_0^{\pi} \right\} \\
&= \frac{4 \cdot (-1)^n}{n^2}
\end{aligned}
$$

となるので，$g(x)$ のフーリエ級数，つまり，$f(x)$ のフーリエ余弦級数は，

$$g(x) \sim \frac{\pi^2}{3} + 4 \sum_{n=1}^{\infty} \frac{(-1)^n}{n^2} \cos nx$$

となる．$f(x) \sim \dfrac{\pi^2}{3} + 4 \displaystyle\sum_{n=1}^{\infty} \frac{(-1)^n}{n^2} \cos nx$ $(0 \leq x \leq \pi)$ という表記の仕方でもよい．

(2) 関数 $f(x) = 2$ $(0 \leq x \leq \pi)$ を奇関数

$$h(x) = \begin{cases} 2 & (0 < x < \pi) \\ 0 & (x = -\pi, 0, \pi) \\ -2 & (-\pi < x < 0) \end{cases}$$

に拡張する．この $h(x)$ を基本周期に持つ周期 2π の周期関数をあらためて $h(x)$ で表す．いま，$n = 1, 2, \cdots$ とする．このとき，$h(x)$ のフーリエ係数は $a_0 = a_n = 0$ で，

$$
\begin{aligned}
b_n &= \frac{1}{\pi} \int_{-\pi}^{\pi} h(x) \sin nx \; dx \\
&= \frac{2}{\pi} \int_{0}^{\pi} 2 \sin nx \; dx \\
&= \frac{4}{\pi} \left[-\frac{1}{n} \cos nx \right]_{0}^{\pi} \\
&= -\frac{4}{n\pi} (\cos n\pi - 1) \\
&= -\frac{4}{n\pi} \{ (-1)^n - 1 \} \\
&= \begin{cases} \dfrac{8}{n\pi} & (n = 2m - 1) \\[2mm] 0 & (n = 2m) \end{cases} \quad (m = 1, 2, \cdots)
\end{aligned}
$$

となるので，$h(x)$ のフーリエ級数，つまりは，$f(x)$ のフーリエ正弦級数は，

$$
h(x) \sim \frac{8}{\pi} \sum_{n=1}^{\infty} \frac{\sin(2n-1)x}{2n-1}
$$

となる．$f(x) \sim \dfrac{8}{\pi} \sum_{n=1}^{\infty} \dfrac{\sin(2n-1)x}{2n-1} \; (0 \leq x \leq \pi)$ でもよい． □

1.3　フーリエ級数の複素表示

周期 $2L$ の周期関数 $f(x)$ のフーリエ級数は，

$$
f(x) \sim \frac{a_0}{2} + \sum_{n=1}^{\infty} \left(a_n \cos \frac{n\pi}{L} x + b_n \sin \frac{n\pi}{L} x \right)
$$

であった．ただし，

$$
a_0 = \frac{1}{L} \int_{-L}^{L} f(x) \; dx, \quad a_n = \frac{1}{L} \int_{-L}^{L} f(x) \cos \frac{n\pi}{L} x \; dx
$$

$$b_n = \frac{1}{L} \int_{-L}^{L} f(x) \sin \frac{n\pi}{L} x \; dx$$

である．いま，このフーリエ級数の複素表示を考える．そこで，次のオイラーの公式を用いる．

オイラーの公式

$$e^{ix} = \cos x + i \sin x, \quad e^{-ix} = \cos x - i \sin x$$

これにより，

$$\cos x = \frac{e^{ix} + e^{-ix}}{2}, \quad \sin x = \frac{e^{ix} - e^{-ix}}{2i}$$

となるので，

$$\cos \frac{n\pi}{L} x = \frac{e^{i\frac{n\pi}{L}x} + e^{-i\frac{n\pi}{L}x}}{2}, \quad \sin \frac{n\pi}{L} x = \frac{e^{i\frac{n\pi}{L}x} - e^{-i\frac{n\pi}{L}x}}{2i}$$

を得る．よって，

$$a_n \cos \frac{n\pi}{L} x + b_n \sin \frac{n\pi}{L} x = \frac{a_n}{2} \left(e^{i\frac{n\pi}{L}x} + e^{-i\frac{n\pi}{L}x} \right) + \frac{b_n}{2i} \left(e^{i\frac{n\pi}{L}x} - e^{-i\frac{n\pi}{L}x} \right)$$

$$= \left(\frac{a_n}{2} - \frac{b_n}{2}i \right) e^{i\frac{n\pi}{L}x} + \left(\frac{a_n}{2} + \frac{b_n}{2}i \right) e^{-i\frac{n\pi}{L}x}$$

となるので，

$$f(x) \sim \frac{a_0}{2} + \sum_{n=1}^{\infty} \left(a_n \cos \frac{n\pi}{L} x + b_n \sin \frac{n\pi}{L} x \right)$$

$$= \underbrace{\frac{a_0}{2}}_{\alpha_0} + \sum_{n=1}^{\infty} \left\{ \underbrace{\frac{1}{2}(a_n - ib_n)}_{\alpha_n} e^{i\frac{n\pi}{L}x} + \underbrace{\frac{1}{2}(a_n + ib_n)}_{\alpha_{-n}} e^{i\frac{(-n)\pi}{L}x} \right\}$$

$$= \sum_{n=-\infty}^{\infty} \alpha_n e^{i\frac{n\pi}{L}x}$$

と変形できる. ただし,

$$\alpha_0 = \frac{a_0}{2} = \frac{1}{2L} \int_{-L}^{L} f(x)\ dx,$$

$$\alpha_n = \frac{1}{2}(a_n - ib_n)$$

$$= \frac{1}{2}\left\{ \frac{1}{L} \int_{-L}^{L} f(x)\cos\frac{n\pi}{L}x\ dx - \frac{i}{L} \int_{-L}^{L} f(x)\sin\frac{n\pi}{L}x\ dx \right\}$$

$$= \frac{1}{2L} \int_{-L}^{L} f(x)\left(\cos\frac{n\pi}{L}x - i\sin\frac{n\pi}{L}x\right)\ dx$$

$$= \frac{1}{2L} \int_{-L}^{L} f(x)e^{-i\frac{n\pi}{L}x}\ dx \quad (n = 1, 2, \cdots)$$

である. 同様に,

$$\alpha_{-n} = \frac{1}{2L} \int_{-L}^{L} f(x)e^{-i\frac{(-n)\pi}{L}x}\ dx \quad (n = 1, 2, \cdots)$$

となる. そこで, $f(x)$ の複素フーリエ級数を次のように定める.

Point 1.4（複素フーリエ級数）

$f(x)$ を周期 $2L$ の周期関数とする.

$$\alpha_n = \frac{1}{2L} \int_{-L}^{L} f(x)e^{-i\frac{n\pi}{L}x}\ dx \quad (n = 0, \pm1, \pm2, \cdots)$$

とするとき,

$$\sum_{n=-\infty}^{\infty} \alpha_n e^{i\frac{n\pi}{L}x}$$

を $f(x)$ の **複素フーリエ級数** といい, 形式的に

$$f(x) \sim \sum_{n=-\infty}^{\infty} \alpha_n e^{i\frac{n\pi}{L}x}$$

と表す.

例題 1.4 (複素フーリエ級数)

次のように定義された周期関数 $f(x)$ の複素フーリエ級数を求めよ.

(1) $f(x) = x \quad (-\pi \leq x < \pi)$　　　(周期 2π)

(2) $f(x) = \begin{cases} e^x & (0 \leq x < \pi) \\ 0 & (-\pi \leq x < 0) \end{cases}$　　(周期 2π)

解 (1) 関数 $f(x) = x$ は奇関数より,

$$\alpha_0 = \frac{1}{2\pi} \int_{-\pi}^{\pi} x \, dx = 0$$

となる. また, n を $n \neq 0$ なる整数とする. このとき,

$$
\begin{aligned}
\alpha_n &= \frac{1}{2\pi} \int_{-\pi}^{\pi} x e^{-inx} \, dx \\
&= \frac{1}{2\pi} \left\{ \left[-\frac{1}{in} x e^{-inx} \right]_{-\pi}^{\pi} + \frac{1}{in} \int_{-\pi}^{\pi} e^{-inx} \, dx \right\} \\
&= \frac{1}{2\pi} \left\{ -\frac{1}{in} \left(\pi e^{-in\pi} + \pi e^{inx} \right) + \frac{1}{in} \left[-\frac{1}{in} e^{-inx} \right]_{-\pi}^{\pi} \right\} \\
&= \frac{1}{2\pi} \left\{ -\frac{2\pi}{in} \cos n\pi + \frac{1}{n^2} \left(e^{-in\pi} - e^{in\pi} \right) \right\} \\
&= \frac{1}{2\pi} \left\{ -\frac{2\pi}{in} \cdot (-1)^n + \frac{1}{n^2} (-2i \sin n\pi) \right\} \\
&= \frac{(-1)^{n+1}}{in} = \frac{(-1)^n}{n} i
\end{aligned}
$$

である. 以上より, 求める複素フーリエ級数は,

$$f(x) \sim i \sum_{\substack{n=-\infty \\ n \neq 0}}^{\infty} \frac{(-1)^n}{n} e^{inx}$$

である.

(2) フーリエ係数 α_0 を計算すると，

$$\alpha_0 = \frac{1}{2\pi} \int_{-\pi}^{\pi} f(x)\,dx = \frac{1}{2\pi} \int_0^{\pi} e^x\,dx = \frac{1}{2\pi}[e^x]_0^{\pi} = \frac{1}{2\pi}(e^{\pi} - 1)$$

となる．また，n を $n \neq 0$ なる整数とする．このとき，

$$
\begin{aligned}
\alpha_n &= \frac{1}{2\pi} \int_{-\pi}^{\pi} f(x)e^{-inx}\,dx \\
&= \frac{1}{2\pi} \int_0^{\pi} e^{(1-in)x}\,dx \\
&= \frac{1}{2\pi} \left[\frac{1}{1-in} e^{(1-in)x} \right]_0^{\pi} \\
&= \frac{1}{2\pi} \frac{1}{1-in} \left(e^{(1-in)\pi} - 1 \right) \\
&= \frac{1+in}{2\pi(1-in)(1+in)} \{ e^{\pi} \cdot (-1)^n - 1 \}
\end{aligned}
$$

である．以上より，求めるフーリエ級数は，

$$
\begin{aligned}
f(x) &\sim \frac{e^{\pi} - 1}{2\pi} + \frac{1}{2\pi} \sum_{\substack{n=-\infty \\ n \neq 0}}^{\infty} \frac{1+in}{1+n^2} \{ e^{\pi} \cdot (-1)^n - 1 \} e^{inx} \\
&= \frac{1}{2\pi} \sum_{n=-\infty}^{\infty} \frac{1+in}{1+n^2} \{ e^{\pi} \cdot (-1)^n - 1 \} e^{inx}
\end{aligned}
$$

である．   □

章末問題 (略解は p.202)

1-1 周期 2π の周期関数

$$
f(x) = \begin{cases} 1 & (-\pi < x \leq 0) \\ 0 & (0 < x \leq \pi) \end{cases}
$$

に対し各問いに答えよ．

(1) グラフを描け.　　(2) フーリエ係数 a_0, a_n, b_n $(n = 1, 2, 3, \cdots)$ を求めよ.
(3) フーリエ級数を求めよ.

1-2 周期 4 の周期関数
$$f(x) = -x \quad (-2 < x \leq 2)$$

に対し各問いに答えよ.

(1) グラフを描け.　　(2) フーリエ係数 a_0, a_n, b_n $(n = 1, 2, 3, \cdots)$ を求めよ.
(3) フーリエ級数を求めよ.

1-3 周期 2π の周期関数
$$f(x) = \begin{cases} \pi + x & (-\pi \leq x \leq 0) \\ \pi - x & (0 < x \leq \pi) \end{cases}$$

に対し各問いに答えよ.
(1) グラフを描け.　　(2) フーリエ係数 a_0, a_n, b_n $(n = 1, 2, 3, \cdots)$ を求めよ.
(3) フーリエ級数を求めよ.

1-4 次のように定義された周期関数 $f(x)$ のフーリエ級数を求めよ.
(1) $f(x) = |x|$ $(-3 < x \leq 3)$ (周期 6)

(2) $f(x) = \begin{cases} x + 4 & (-4 \leq x \leq 0) \\ 0 & (0 < x < 4) \end{cases}$ (周期 8)

1-5 関数 $f(x) = -x + 1$ $(0 \leq x \leq 1)$ に対し, フーリエ余弦級数とフーリエ正弦級数を求めよ.

1-6 次のように定義された周期関数 $f(x)$ の複素フーリエ級数を求めよ.
(1) $f(x) = x^2$ $(-\pi \leq x \leq \pi)$ (周期 2π)　(2) $f(x) = |x|$ $(-2 \leq x \leq 2)$ (周期 4)

1-7 周期 2π の周期関数
$$f(x) = \begin{cases} x + \pi & (-\pi \leq x \leq 0) \\ 0 & (0 < x \leq \pi) \end{cases}$$

について各問いに答えよ.
(1) $f(x)$ のグラフを描け. また, $f(x)$ のフーリエ級数を求めよ.
(2) (1) において, $x = 0$ のときの値を利用して, 無限級数 $\displaystyle\sum_{n=1}^{\infty} \frac{1}{(2n-1)^2}$ の値を求めよ.

第2章　フーリエ変換

　本章では周期を持たない関数に対して，フーリエ係数，フーリエ級数展開の類似としてフーリエ変換，フーリエ逆変換を学習する．前章で学んだフーリエ級数や本章で学ぶフーリエ変換を基にしたフーリエ解析は，電気回路や制御装置などのシステム解析に用いられており，一方で情報通信の基礎を与えてくれるなど，今日の工学において広く応用されている．また，今日の数学における偏微分方程式の分野においてもフーリエ解析は重要である．本書では，第5章において熱方程式などの初期値問題を解く際に，フーリエ変換が強力な数学的道具となることを学ぶ．

2.1　フーリエ変換とフーリエ逆変換

　フーリエ変換とは，粗くいうと，周期 $L = \infty$ としたときのフーリエ係数のことであり，フーリエ逆変換とは，周期 $L = \infty$ としたときのフーリエ級数のことである．具体的には次で定義される．

Point 2.1（フーリエ変換・フーリエ逆変換）
$f(x)$ は $(-\infty, \infty)$ で絶対可積分，つまり

$$\int_{-\infty}^{\infty} |f(x)|\, dx < \infty$$

を満たすとする．このとき，積分

$$\frac{1}{\sqrt{2\pi}} \int_{-\infty}^{\infty} f(x) e^{-ix\xi}\, dx$$

を $f(x)$ の**フーリエ変換**といい，$\hat{f}(\xi)$ または $\mathcal{F}[f](\xi)$ と表す．つまり，

$$\hat{f}(\xi) = \mathcal{F}[f](\xi) = \frac{1}{\sqrt{2\pi}} \int_{-\infty}^{\infty} f(x) e^{-ix\xi}\, dx$$

である. また, 積分

$$\frac{1}{\sqrt{2\pi}} \int_{-\infty}^{\infty} \hat{f}(\xi) e^{ix\xi} \, d\xi$$

が存在するとき, この積分を $\hat{f}(\xi)$ の**フーリエ逆変換**という.

注意 2.1 一般に関数 $g(\xi)$ のフーリエ逆変換を $\mathcal{F}^{-1}[g](x)$ と表す. なお, $f(x)$ が絶対可積分かつ区分的に滑らかなとき, $\hat{f}(\xi)$ のフーリエ逆変換は,

$$\frac{f(x+0) + f(x-0)}{2}$$

に収束する. 特に, $f(x)$ が絶対可積分で区分的に滑らか, かつ連続関数ならば,

$$f(x) = \frac{1}{\sqrt{2\pi}} \int_{-\infty}^{\infty} \hat{f}(\xi) e^{ix\xi} \, d\xi$$

となる. この右辺を $f(x)$ のフーリエ積分ともいう. ◇

例題 2.1 (フーリエ変換 その1)

次の関数のフーリエ変換を求めよ. また, フーリエ逆変換を用いて, 与えられた関数の積分表示を求めよ. ただし, $a > 0$ とする.

(1) $H_a(x) = \begin{cases} e^{-ax} & (x > 0) \\ \dfrac{1}{2} & (x = 0) \\ 0 & (x < 0) \end{cases}$ 　　(2) $\chi_a(x) = \begin{cases} 1 & (-a < x < a) \\ \dfrac{1}{2} & (x = -a, a) \\ 0 & (x < -a, a < x) \end{cases}$

(3) $f_a(x) = e^{-\frac{|x|}{a}}$

解 (1) フーリエ変換の定義より,

$$\widehat{H_a}(\xi) = \frac{1}{\sqrt{2\pi}} \int_{-\infty}^{\infty} H_a(x) e^{-ix\xi} \, dx$$

$$= \frac{1}{\sqrt{2\pi}} \int_0^{\infty} e^{-ax} e^{-ix\xi} \, dx$$

$$= \frac{1}{\sqrt{2\pi}} \int_0^{\infty} e^{-(a+i\xi)x} \, dx$$

$$= \frac{1}{\sqrt{2\pi}} \left[-\frac{1}{a + i\xi} e^{-(a+i\xi)x} \right]_0^\infty$$

$$= -\frac{1}{\sqrt{2\pi}} \frac{1}{a + i\xi} \left(\lim_{x \to \infty} e^{-(a+i\xi)x} - 1 \right) \qquad (2.1.1)$$

となる. ここで, $x > 0$ に対し,

$$0 \le |e^{-(a+i\xi)x}| = e^{-ax}|e^{-i\xi x}| = e^{-ax} \to 0 \ (x \to \infty)$$

となるので, $\displaystyle\lim_{x \to \infty} e^{-(a+i\xi)x} = 0$ を得る. よって, $(2.1.1)$ より,

$$\widehat{H_a}(\xi) = \frac{1}{\sqrt{2\pi}} \frac{1}{a + i\xi} = \frac{1}{\sqrt{2\pi}} \frac{a - i\xi}{a^2 + \xi^2}$$

となる. ゆえに,

$$\widehat{H_a}(\xi) = \frac{a - i\xi}{\sqrt{2\pi}(a^2 + \xi^2)}$$

を得る. また, $\widehat{H_a}(\xi)$ にフーリエ逆変換を施すと,

$$H_a(x) = \frac{1}{\sqrt{2\pi}} \int_{-\infty}^\infty \widehat{H_a}(\xi) e^{ix\xi} \, d\xi = \frac{1}{\sqrt{2\pi}} \int_{-\infty}^\infty \left(\frac{1}{\sqrt{2\pi}} \frac{a - i\xi}{a^2 + \xi^2} \right) e^{ix\xi} \, d\xi$$

$$= \frac{1}{2\pi} \int_{-\infty}^\infty \frac{a - i\xi}{a^2 + \xi^2} e^{ix\xi} \, d\xi$$

となる. よって, $H_a(x)$ は積分表示

$$H_a(x) = \frac{1}{2\pi} \int_{-\infty}^\infty \frac{a - i\xi}{a^2 + \xi^2} e^{ix\xi} \, d\xi$$

を持つ.

※オイラーの公式より, $e^{ix} = \cos x + i \sin x$ なので,

$$|e^{ix}| = |\cos x + i \sin x| = \sqrt{\cos^2 x + \sin^2 x} = 1$$

である. このことは, よく使うので覚えておくと便利である.

(2) フーリエ変換の定義より,

$$\widehat{\chi_a}(\xi) = \frac{1}{\sqrt{2\pi}} \int_{-\infty}^\infty \chi_a(x) e^{-ix\xi} \, dx = \frac{1}{\sqrt{2\pi}} \int_{-a}^a e^{-ix\xi} \, dx = \frac{1}{\sqrt{2\pi}} \left[-\frac{1}{i\xi} e^{-ix\xi} \right]_{-a}^a$$

$$= \frac{1}{\sqrt{2\pi}} \frac{1}{i\xi} (e^{ia\xi} - e^{-ia\xi}) = \sqrt{\frac{2}{\pi}} \frac{\sin a\xi}{\xi}$$

となるので，

$$\widehat{\chi_a}(\xi) = \sqrt{\frac{2}{\pi}} \frac{\sin a\xi}{\xi}$$

を得る．また，$\widehat{\chi_a}(\xi)$ にフーリエ逆変換を施すと，

$$\chi_a(x) = \frac{1}{\sqrt{2\pi}} \int_{-\infty}^{\infty} \widehat{\chi_a}(\xi) e^{ix\xi}\, d\xi = \frac{1}{\sqrt{2\pi}} \int_{-\infty}^{\infty} \left(\sqrt{\frac{2}{\pi}} \frac{\sin a\xi}{\xi} \right) e^{ix\xi}\, d\xi$$

$$= \frac{1}{\pi} \int_{-\infty}^{\infty} \frac{\sin a\xi}{\xi} e^{ix\xi}\, d\xi$$

となる．よって，$\chi_a(x)$ は積分表示

$$\chi_a(x) = \frac{1}{\pi} \int_{-\infty}^{\infty} \frac{\sin a\xi}{\xi} e^{ix\xi}\, d\xi$$

を持つ．

(3) フーリエ変換の定義より，

$$\widehat{f_a}(\xi) = \frac{1}{\sqrt{2\pi}} \int_{-\infty}^{\infty} f_a(x) e^{-ix\xi}\, dx = \frac{1}{\sqrt{2\pi}} \int_{-\infty}^{\infty} e^{-\frac{|x|}{a}} e^{-ix\xi}\, dx$$

$$= \frac{1}{\sqrt{2\pi}} \left\{ \int_{-\infty}^{0} e^{\frac{x}{a}} e^{-ix\xi}\, dx + \int_{0}^{\infty} e^{-\frac{x}{a}} e^{-ix\xi}\, dx \right\}$$

$$= \frac{1}{\sqrt{2\pi}} \left\{ \int_{-\infty}^{0} e^{(\frac{1}{a} - i\xi)x}\, dx + \int_{0}^{\infty} e^{-(\frac{1}{a} + i\xi)x}\, dx \right\}$$

$$= \frac{1}{\sqrt{2\pi}} \left\{ \left[\frac{1}{\frac{1}{a} - i\xi} e^{(\frac{1}{a} - i\xi)x} \right]_{-\infty}^{0} + \left[\frac{1}{-(\frac{1}{a} + i\xi)} e^{-(\frac{1}{a} + i\xi)x} \right]_{0}^{\infty} \right\}$$

$$= \frac{1}{\sqrt{2\pi}} \left\{ \frac{1}{\frac{1}{a} - i\xi}(1 - 0) - \frac{1}{\frac{1}{a} + i\xi}(0 - 1) \right\}$$

$$= \frac{a}{\sqrt{2\pi}} \left(\frac{1}{1 - ia\xi} + \frac{1}{1 + ia\xi} \right) = \sqrt{\frac{2}{\pi}} \frac{a}{1 + a^2\xi^2}$$

となるので，

$$\widehat{f_a}(\xi) = \sqrt{\frac{2}{\pi}} \frac{a}{1 + a^2\xi^2}$$

を得る. また, $\widehat{f_a}(\xi)$ にフーリエ逆変換を施すと, $e^{-\frac{|x|}{a}}$ は積分表示

$$e^{-\frac{|x|}{a}} = \frac{a}{\pi} \int_{-\infty}^{\infty} \frac{e^{ix\xi}}{1 + a^2\xi^2} \, d\xi \tag{2.1.2}$$

を持つ. □

例題 2.2 (フーリエ変換 その2)

$a > 0$ とする. 関数 $f(x) = \dfrac{a}{x^2 + a^2}$ のフーリエ変換を求めよ.

解 関数 $f(x)$ のフーリエ変換は,

$$\hat{f}(\xi) = \frac{1}{\sqrt{2\pi}} \int_{-\infty}^{\infty} \frac{a}{x^2 + a^2} e^{-ix\xi} \, dx = \sqrt{\frac{\pi}{2}} \left(\frac{1}{\pi a} \int_{-\infty}^{\infty} \frac{e^{ix(-\xi)}}{1 + \frac{x^2}{a^2}} \, dx \right) \tag{2.1.3}$$

と表せる. 一方で, (2.1.2) より, $e^{-a|x|}$ の積分表示は,

$$e^{-a|x|} = \frac{1}{\pi a} \int_{-\infty}^{\infty} \frac{e^{ix\xi}}{1 + \frac{\xi^2}{a^2}} \, d\xi$$

であった. ここで, x と ξ の役割を入れ換える ($x \to \xi, \xi \to x$) と,

$$e^{-a|\xi|} = \frac{1}{\pi a} \int_{-\infty}^{\infty} \frac{e^{ix\xi}}{1 + \frac{x^2}{a^2}} \, dx \tag{2.1.4}$$

となる. (2.1.3) と (2.1.4) より,

$$\hat{f}(\xi) = \sqrt{\frac{\pi}{2}} e^{-a|-\xi|} = \sqrt{\frac{\pi}{2}} e^{-a|\xi|}$$

を得る. ゆえに,

$$\widehat{\frac{a}{x^2 + a^2}}(\xi) = \sqrt{\frac{\pi}{2}} e^{-a|\xi|}$$

となる. □

例題 2.3 (フーリエ変換 その3)

$a > 0$ とする. 関数 $f(x) = e^{-\frac{x^2}{a^2}}$ のフーリエ変換を求めよ.

解 フーリエ変換の定義より，

$$\hat{f}(\xi) = \frac{1}{\sqrt{2\pi}} \int_{-\infty}^{\infty} e^{-\frac{x^2}{a^2}} e^{-ix\xi} \ dx = \frac{1}{\sqrt{2\pi}} e^{-\frac{a^2}{4}\xi^2} \int_{-\infty}^{\infty} e^{-\frac{1}{a^2}\left(x+i\frac{a^2\xi}{2}\right)^2} \ dx$$

(2.1.5)

となる．いま，$\xi > 0$ とし，積分 $\displaystyle\int_{C_R} e^{-\frac{z^2}{a^2}} \ dz$ を考える．ただし，$z = x + it$ は複素変数で，曲線 C_R は以下の C_R は線分 C_1, C_2, C_3, C_4 で作られる長方形である．

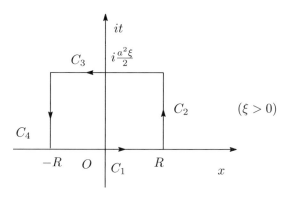

複素関数 $e^{-\frac{z^2}{a^2}}$ は複素平面全体で正則なので，コーシーの積分定理 (p.24 参照) より，

$$\int_{C_R} e^{-\frac{z^2}{a^2}} \ dz = 0$$

となる．つまり，

$$\int_{-R}^{R} e^{-\frac{x^2}{a^2}} \ dx + \int_{0}^{\frac{a^2\xi}{2}} e^{-\frac{1}{a^2}(R+it)^2} \ idt$$

$$- \int_{-R}^{R} e^{-\frac{1}{a^2}\left(x+i\frac{a^2\xi}{2}\right)^2} dx - \int_{0}^{\frac{a^2\xi}{2}} e^{-\frac{1}{a^2}(-R+it)^2} \ idt = 0$$

(2.1.6)

となる. ここで,

$$\left| \int_0^{\frac{a^2\xi}{2}} e^{-\frac{1}{a^2}(R+it)^2} \, i dt \right| \leq \int_0^{\frac{a^2\xi}{2}} \left| e^{-\frac{1}{a^2}(R+it)^2} \right| \, dt$$

$$\leq \int_0^{\frac{a^2\xi}{2}} e^{-\frac{1}{a^2}(R^2-t^2)} \, dt$$

$$\leq \frac{a^2\xi}{2} e^{\frac{a^4\xi^2}{4}} e^{-\frac{R^2}{a^2}} \to 0 \ \ (R \to \infty)$$

より,

$$\lim_{R\to\infty} \int_0^{\frac{a^2\xi}{2}} e^{-\frac{1}{a^2}(R+it)^2} \, i dt = 0$$

となる. 同様に,

$$\lim_{R\to\infty} \int_0^{\frac{a^2\xi}{2}} e^{-\frac{1}{a^2}(-R+it)^2} \, i dt = 0$$

もいえるので, (2.1.6) より,

$$\int_{-\infty}^{\infty} e^{-\frac{1}{a^2}(x+i\frac{a^2\xi}{2})^2} dx = \int_{-\infty}^{\infty} e^{-\frac{x^2}{a^2}} \, dx \tag{2.1.7}$$

となる. $\xi < 0$ のときも同様の議論より (2.1.7) は成り立つ. よって, (2.1.5) より,

$$\hat{f}(\xi) = \frac{1}{\sqrt{2\pi}} e^{-\frac{a^2}{4}\xi^2} \int_{-\infty}^{\infty} e^{-\frac{x^2}{a^2}} \, dx = \frac{a}{\sqrt{2}} e^{-\frac{a^2}{4}\xi^2}$$

となる. ただし, 最後の等号は $a > 0$ より,

$$\int_{-\infty}^{\infty} e^{-\frac{x^2}{a^2}} \, dx = \sqrt{a^2\pi} = a\sqrt{\pi}$$

となることを用いた. 以上より,

$$\widehat{e^{-\frac{x^2}{a^2}}}(\xi) = \frac{a}{\sqrt{2}} e^{-\frac{a^2}{4}\xi^2} \tag{2.1.8}$$

となる. □

注意 2.2 (2.1.8) は熱方程式の解を求める際に使うので，覚えておくと便利である．例えば $a = 1$ と $a = \sqrt{2}$ の場合をグラフで表すと図 2.1 のようになる．　◇

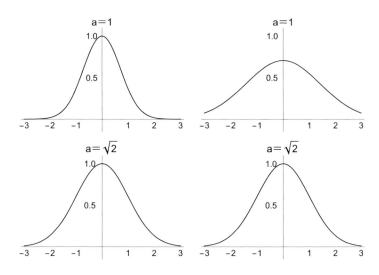

図 2.1　$a = 1$ と $a = \sqrt{2}$ の場合のガウシアン（左）とそのフーリエ変換（右）

注意 2.3 例題 2.3 内で用いたコーシーの積分定理とは，次の定理である．　◇

コーシーの積分定理

複素関数 $f(z)$ は単一閉曲線 C と C の内部を含む領域で正則であるとする．このとき，

$$\int_C f(z)\,dz = 0$$

となる．

2.2　デルタ関数とフーリエ変換

ここでは，デルタ関数のフーリエ変換についてまとめる．デルタ関数は本来，超関数論の枠組みの中で定義されるべきであるが，本書では，超関数の理論には深入りせずに形式的な議論のみで，デルタ関数のフーリエ変換を求める（なので，数学的な厳密性については，おおらかな気持ちで見てほしい）．超関数論に

ついて詳しく学びたい読者は, [垣田] などを参照されたい.

まずは, 実数 a と $\varepsilon > 0$ に対し, 関数 $h_{a,\varepsilon}(x)$ を

$$h_{a,\varepsilon}(x) = \begin{cases} 0 & (x > a + \varepsilon) \\ \dfrac{1}{\varepsilon} & (a < x \le a + \varepsilon) \\ 0 & (x \le a) \end{cases}$$

と定義する. 関数 $h_{a,\varepsilon}(x)$ と x 軸とで囲まれた部分の面積は ε の値にかかわらず 1 となる. そこで, ε をどんどん小さくすると, 横幅は小さく, 高さは高くなっていくのがわかる. 最終的に ε を限りなく 0 に近づけると, 幅が限りなく 0 に近く, 高さが限りなく大きく, x 軸と囲まれた部分の面積が 1 であるような "関数" ができあがる. これを $\delta_a(x)$ と表し, (ディラックの) **デルタ関数**と呼ぶ.

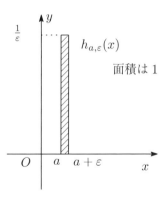

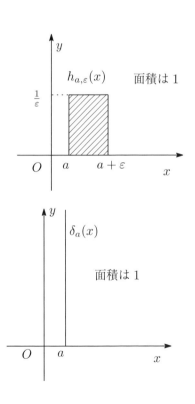

Point 2.2（デルタ関数 $\delta_a(x)$）

$\delta_a(x)$ の特徴は以下の通りである.

1. $\delta_a(x) = \lim_{\varepsilon \to +0} h_{a,\varepsilon}(x) = \begin{cases} \infty & (x = a) \\ 0 & (x \neq a) \end{cases}$

2. $\displaystyle \int_{-\infty}^{\infty} \delta_a(x)\, dx = 1$

3. $\displaystyle \int_{-\infty}^{\infty} \delta_a(x) f(x)\, dx = f(a) \quad (f(x): \text{連続関数})$

注意 2.4 1. $a = 0$ のときを $\delta(x)$ と表すと, $\delta_a(x) = \delta(x - a)$ と表すことができる.

2. $\delta(x)$ は偶関数である. つまり, $\delta(x) = \delta(-x)$ が成立する.

3. Point 2.2 内の 1. の $\lim_{\varepsilon \to +0} h_{a,\varepsilon}(x)$ は通常の意味では発散しているので, 超関数的解釈が必要である. 実際は $\mathcal{S}'$（緩増加超関数）の意味での収束である. また, Point 2.2 内の 2. も通常の意味では左辺の積分が定義できないため, 実際は超関数的解釈が必要である. ◇

例題 2.4 (デルタ関数のフーリエ変換)

デルタ関数 $\delta_a(x)$ のフーリエ変換 $\widehat{\delta_a}(\xi)$ を求めよ.

解 $\varepsilon > 0$ とする. いま,

$$
\begin{aligned}
\widehat{h_{a,\varepsilon}}(\xi) &= \frac{1}{\sqrt{2\pi}} \int_{-\infty}^{\infty} h_{a,\varepsilon}(x) e^{-ix\xi}\, dx \\
&= \frac{1}{\sqrt{2\pi}} \frac{1}{\varepsilon} \int_{a}^{a+\varepsilon} e^{-ix\xi}\, dx \\
&= \frac{1}{\sqrt{2\pi}} \frac{1}{\varepsilon} \left[-\frac{1}{i\xi} e^{-ix\xi} \right]_{a}^{a+\varepsilon} \\
&= -\frac{1}{\sqrt{2\pi}} \frac{1}{i\varepsilon\xi} \left(e^{-i(a+\varepsilon)\xi} - e^{-ia\xi} \right)
\end{aligned}
$$

となるので,

$$\lim_{\varepsilon \to +0} \widehat{h_{a,\varepsilon}}(\xi) = -\frac{1}{\sqrt{2\pi}} \frac{1}{i\xi} \lim_{\varepsilon \to +0} \frac{e^{-i(a+\varepsilon)\xi} - e^{-ia\xi}}{\varepsilon}$$

$$= -\frac{1}{\sqrt{2\pi}} \frac{1}{i\xi} \left(\frac{d}{d\tau} e^{-i\tau\xi} \right)\Bigg|_{\tau=a}$$

$$= \frac{1}{\sqrt{2\pi}} e^{-ia\xi}$$

となる. よって,

$$\widehat{\delta_a}(\xi) = \lim_{\varepsilon \to +0} \widehat{h_{a,\varepsilon}}(\xi) = \frac{1}{\sqrt{2\pi}} e^{-ia\xi}$$

を得る. □

注意 2.5 特に $a = 0$ のときのフーリエ変換は,

$$\hat{\delta}(\xi) = \frac{1}{\sqrt{2\pi}}$$

となり,

$$\sqrt{2\pi}\hat{\delta} = 1$$

であることがわかる. よって, これにフーリエ逆変換を施すと,

$$\sqrt{2\pi}\delta(x) = \frac{1}{\sqrt{2\pi}} \int_{-\infty}^{\infty} 1 e^{ix\xi} \, d\xi$$

を得る. ここで, $\delta(x) = \delta(-x)$ なので,

$$\sqrt{2\pi}\delta(x) = \sqrt{2\pi}\delta(-x) = \frac{1}{\sqrt{2\pi}} \int_{-\infty}^{\infty} e^{-ix\xi} \, d\xi \tag{2.2.1}$$

も得られる. よって, x と ξ の役割を入れ換えると 1 のフーリエ変換が

$$\hat{1}(\xi) = \sqrt{2\pi}\delta(\xi)$$

となることがわかる. ◇

さらにデルタ関数 $\delta(x)$ を用いて, $\cos x$ や $\sin x$ のフーリエ変換も計算できる.

> **例題 2.5** ($\cos kx$ のフーリエ変換)
>
> k を実数とするとき, $f(x) = \cos kx$ のフーリエ変換を $\delta(x)$ を用いて表せ.

解 オイラーの公式から, $\cos kx = \dfrac{e^{ikx} + e^{-ikx}}{2}$ となるので, (2.2.1) より,

$$
\begin{aligned}
\mathcal{F}[\cos kx](\xi) &= \frac{1}{\sqrt{2\pi}} \int_{-\infty}^{\infty} (\cos kx) e^{-ix\xi} \, dx \\
&= \frac{1}{\sqrt{2\pi}} \int_{-\infty}^{\infty} \left(\frac{e^{ikx} + e^{-ikx}}{2} \right) e^{-ix\xi} \, dx \\
&= \frac{1}{2} \left\{ \frac{1}{\sqrt{2\pi}} \int_{-\infty}^{\infty} \left(e^{-i(\xi-k)x} + e^{-i(\xi+k)x} \right) \, dx \right\} \\
&= \sqrt{\frac{\pi}{2}} (\delta(\xi - k) + \delta(\xi + k))
\end{aligned}
$$

が得られる. よって,

$$
\mathcal{F}[\cos kx](\xi) = \sqrt{\frac{\pi}{2}} (\delta(\xi - k) + \delta(\xi + k))
$$

となる. □

Point 2.3 （超関数としてのフーリエ変換）

次が成り立つ.

1. $\widehat{\delta_a}(\xi) = \dfrac{1}{\sqrt{2\pi}} e^{-ia\xi}$

2. $\hat{\delta}(\xi) = \dfrac{1}{\sqrt{2\pi}}$

3. $\hat{1}(\xi) = \sqrt{2\pi}\,\delta(\xi)$

4. $\mathcal{F}[\cos kx](\xi) = \sqrt{\dfrac{\pi}{2}} (\delta(\xi - k) + \delta(\xi + k))$

5. $\mathcal{F}[\sin kx](\xi) = -i\sqrt{\dfrac{\pi}{2}} (\delta(\xi - k) - \delta(\xi + k))$

2.3　各種演算とフーリエ変換

　この節では，広義積分の部分積分を行うため，関数 $f(x)$ は便宜上，無限回微分可能な関数で，$f(x)$ のすべての第 n 導関数（n：非負整数）が，無限遠方ですべての多項式よりも早く 0 になると仮定する．つまり，すべての非負整数 k, n に対して，

$$\lim_{|x| \to \infty} (1 + |x|)^k f^{(n)}(x) = 0 \qquad (2.3.1)$$

となることを仮定する．このような関数を**急減少関数**という．実際，(2.3.1) を満たす関数 $f(x)$ に対し，

$$|f^{(n)}(x)| \leq \frac{C}{(1 + |x|)^k} \quad (-\infty < x < \infty)$$

となる定数 C が存在する．このことから，任意の n に対し，$f^{(n)}(x)$ は無限遠方で（すべての多項式よりも早く）0 に減衰するような関数であることがわかる．急減少関数の例としては $f(x) = e^{-x^2}$ などをイメージしてもらえればよい．

(1) 微分演算とフーリエ変換

　フーリエ変換の定義より，

$$\begin{aligned}
\left(\widehat{\frac{d}{dx}f}\right)(\xi) &= \frac{1}{\sqrt{2\pi}} \int_{-\infty}^{\infty} \left(\frac{d}{dx}f(x)\right) e^{-ix\xi} \, dx \\
&= \frac{1}{\sqrt{2\pi}} \left\{ \left[f(x)e^{-ix\xi} \right]_{-\infty}^{\infty} + i\xi \int_{-\infty}^{\infty} f(x)e^{-ix\xi} \, dx \right\} \\
&= i\xi \hat{f}(\xi)
\end{aligned}$$

となる．ゆえに，

$$\left(\widehat{\frac{d}{dx}f}\right)(\xi) = i\xi \hat{f}(\xi)$$

を得る．つまり，微分演算はフーリエ変換すると，$i\xi$ を掛ける演算に変わる．同

様に，

$$\left(\widehat{\frac{d^2}{dx^2}f}\right)(\xi) = \frac{1}{\sqrt{2\pi}}\int_{-\infty}^{\infty}\left(\frac{d^2}{dx^2}f(x)\right)e^{-ix\xi}\ dx$$

$$= \frac{1}{\sqrt{2\pi}}\left\{\underbrace{\left[\frac{d}{dx}f(x)e^{-ix\xi}\right]_{-\infty}^{\infty}}_{0} + i\xi\int_{-\infty}^{\infty}\frac{d}{dx}f(x)e^{-ix\xi}\ dx\right\}$$

$$= i\xi\left(\widehat{\frac{d}{dx}f}\right)(\xi) = -\xi^2\hat{f}(\xi)$$

となる．ゆえに，

$$\left(\widehat{\frac{d^2}{dx^2}f}\right)(\xi) = -\xi^2\hat{f}(\xi)$$

を得る．

(2) 平行移動とフーリエ変換

a は実数とし，$g(x) = f(x-a)$ とする．このとき，

$$\hat{g}(\xi) = \frac{1}{\sqrt{2\pi}}\int_{-\infty}^{\infty}g(x)e^{-ix\xi}\ dx$$

$$= \frac{1}{\sqrt{2\pi}}\int_{-\infty}^{\infty}f(x-a)e^{-ix\xi}\ dx$$

となる．ここで，$t = x - a$ とおくと，$dx = dt$ となり，$x : -\infty \to \infty$ は，$t : -\infty \to \infty$ となる．よって，

$$\hat{g}(\xi) = \frac{1}{\sqrt{2\pi}}\int_{-\infty}^{\infty}f(t)e^{-i(t+a)\xi}\ dt$$
$$= e^{-ia\xi}\hat{f}(\xi)$$

を得る．これより，

$$\widehat{f(\cdot - a)}(\xi) = e^{-ia\xi}\hat{f}(\xi) \tag{2.3.2}$$

となる．つまり，平行移動はフーリエ変換すると，$e^{-ia\xi}$ を掛ける演算に変わる．

(3) 変調とフーリエ変換

今度は逆に，e^{iax} が掛けられているものをフーリエ変換してみよう．$g(x) = e^{iax}f(x)$ (a は実数) とするとき，

$$
\begin{aligned}
\hat{g}(\xi) &= \frac{1}{\sqrt{2\pi}} \int_{-\infty}^{\infty} e^{iax} f(x) e^{-ix\xi}\, dx \\
&= \frac{1}{\sqrt{2\pi}} \int_{-\infty}^{\infty} f(x) e^{-ix(\xi-a)}\, dx \\
&= \hat{f}(\xi - a)
\end{aligned}
$$

となる．よって，

$$
(\widehat{e^{ia(\cdot)}f})(\xi) = \hat{f}(\xi - a)
$$

となる．つまり，e^{iax} を掛ける演算はフーリエ変換すると，a だけ平行移動したものになる．

(4) 伸縮とフーリエ変換

$g(x) = f(\lambda x)$ ($\lambda > 0$) とする．このとき，フーリエ変換の定義より，

$$
\hat{g}(\xi) = \frac{1}{\sqrt{2\pi}} \int_{-\infty}^{\infty} f(\lambda x) e^{-ix\xi}\, dx
$$

となる．ここで，$\lambda x = t$ とおくと，$dx = \dfrac{1}{\lambda} dt$ となり，$x : -\infty \to \infty$ は，$t : -\infty \to \infty$ となる．よって，

$$
\hat{g}(\xi) = \frac{1}{\sqrt{2\pi}} \int_{-\infty}^{\infty} f(t) e^{-it\frac{\xi}{\lambda}} \cdot \left(\frac{1}{\lambda}\right) dt = \frac{1}{\lambda} \hat{f}\left(\frac{\xi}{\lambda}\right)
$$

となる．これより

$$
\widehat{f(\lambda \,\cdot)}(\xi) = \frac{1}{\lambda} \hat{f}\left(\frac{\xi}{\lambda}\right)
$$

を得る．つまり，x 変数を λ 倍する演算をフーリエ変換すると，ξ 変数を $\dfrac{1}{\lambda}$ 倍し，さらに全体を $\dfrac{1}{\lambda}$ 倍する演算に変わる．

(5) たたみ込みとフーリエ変換

2 つの急減少関数 $f(x)$ と $g(x)$ に対し，

$$(f*g)(x) := \int_{-\infty}^{\infty} f(y)g(x-y)\,dy$$

と定義した関数 $(f*g)(x)$ を $f(x)$ と $g(x)$ の**たたみ込み**という．ちなみに，$(f*g)(x) = (g*f)(x)$ となる．たたみ込みのフーリエ変換は，(2.3.2) より，

$$
\begin{aligned}
\widehat{(f*g)}(\xi) &= \frac{1}{\sqrt{2\pi}} \int_{-\infty}^{\infty} (f*g)(x)e^{-ix\xi}\,dx \\
&= \frac{1}{\sqrt{2\pi}} \int_{-\infty}^{\infty} \left(\int_{-\infty}^{\infty} f(y)g(x-y)\,dy \right) e^{-ix\xi}\,dx \\
&= \int_{-\infty}^{\infty} f(y)e^{-iy\xi} \left(\frac{1}{\sqrt{2\pi}} \int_{-\infty}^{\infty} g(x-y)e^{-i(x-y)\xi}\,dx \right) dy \\
&= \hat{g}(\xi) \int_{-\infty}^{\infty} f(y)e^{-iy\xi}\,dy \\
&= \sqrt{2\pi}\,\hat{f}(\xi)\hat{g}(\xi)
\end{aligned}
$$

となる．途中の積分の順序交換可能性はフビニの定理（［新井］を参照）によって保証される．よって，

$$\widehat{(f*g)}(\xi) = \sqrt{2\pi}\,\hat{f}(\xi)\hat{g}(\xi)$$

となる．つまり，2 つの関数のたたみ込みをフーリエ変換すると，2 つの関数のフーリエ変換の積になる．

(6) 積とフーリエ変換

2 つの急減少関数 $f(x)$ と $g(x)$ に対し，フーリエ逆変換より，

$$
\begin{aligned}
f(x)g(x) &= \left(\frac{1}{\sqrt{2\pi}} \int_{\infty}^{\infty} \hat{f}(\eta)e^{i\eta x}\,d\eta \right) \left(\frac{1}{\sqrt{2\pi}} \int_{\infty}^{\infty} \hat{g}(\eta')e^{i\eta' x}\,d\eta' \right) \\
&= \frac{1}{2\pi} \int_{-\infty}^{\infty} \left(\int_{-\infty}^{\infty} \hat{f}(\eta)\hat{g}(\eta')e^{i(\eta+\eta')x}\,d\eta' \right) d\eta \quad\quad (2.3.3)
\end{aligned}
$$

と積分表示が可能である．ここで，$\eta + \eta' = \theta$ とおくと (2.3.3) は，

$$
\begin{aligned}
f(x)g(x) &= \frac{1}{2\pi} \int_{-\infty}^{\infty} \left(\int_{-\infty}^{\infty} \hat{f}(\eta)\hat{g}(\theta - \eta)e^{i\theta x} \, d\theta \right) d\eta \\
&= \frac{1}{2\pi} \int_{-\infty}^{\infty} \left(\int_{-\infty}^{\infty} \hat{f}(\eta)\hat{g}(\theta - \eta) \, d\eta \right) e^{i\theta x} d\theta \\
&= \frac{1}{2\pi} \int_{-\infty}^{\infty} (\hat{f} * \hat{g})(\theta)e^{i\theta x} \, d\theta \\
&= \frac{1}{\sqrt{2\pi}} \mathcal{F}^{-1}[\hat{f} * \hat{g}](x)
\end{aligned}
$$

となる．したがって，

$$
\widehat{(fg)}(\xi) = \frac{1}{\sqrt{2\pi}}(\hat{f} * \hat{g})(\xi)
$$

となる．

　以上のことをまとめておく．

Point 2.4（各種演算とフーリエ変換）

1. （微分）　　　　$\left(\widehat{\dfrac{d}{dx}f} \right)(\xi) = i\xi \hat{f}(\xi)$

2. （2 階微分）　　$\left(\widehat{\dfrac{d^2}{dx^2}f} \right)(\xi) = -\xi^2 \hat{f}(\xi)$

3. （平行移動）　　$\widehat{f(\cdot - a)}(\xi) = e^{-ia\xi} \hat{f}(\xi)$

4. （回転）　　　　$\widehat{(e^{ia(\cdot)}f)}(\xi) = \hat{f}(\xi - a)$

5. （伸縮）　　　　$\widehat{f(\lambda \, \cdot)}(\xi) = \dfrac{1}{\lambda} \hat{f}\left(\dfrac{\xi}{\lambda} \right)$

6. （たたみ込み）　$\widehat{(f * g)}(\xi) = \sqrt{2\pi} \hat{f}(\xi)\hat{g}(\xi)$

7. （積）　　　　　$\widehat{(fg)}(\xi) = \dfrac{1}{\sqrt{2\pi}}(\hat{f} * \hat{g})(\xi)$

章末問題 (略解は p.203)

2-1 次の関数 $f(x)$ のフーリエ変換を求めよ．また，フーリエ逆変換を用いて，与えられた関数の積分表示を求めよ（$f(x)$ のグラフも描け）．

$$(1)\ f(x) = \begin{cases} e^{-x} & (x > 0) \\ \dfrac{1}{2} & (x = 0) \\ 0 & (x < 0) \end{cases} \qquad (2)\ f(x) = \begin{cases} -1 & (0 < x < 1) \\ -\dfrac{1}{2} & (x = 0, x = 1) \\ 0 & (x < 0, 1 < x) \end{cases}$$

$$(3)\ f(x) = \begin{cases} 1 & (|x| < 1) \\ \dfrac{1}{2} & (x = -1, 1) \\ 0 & (|x| > 1) \end{cases} \qquad (4)\ f(x) = e^{-|x|}$$

2-2 $f(x) = \dfrac{1}{x^2 + 1}$ のフーリエ変換を積分表示を利用して求めよ．

2-3 $f(x) = e^{-\frac{x^2}{4}}$ のフーリエ変換を複素積分を用いて求めよ．

2-4 $\mathcal{F}[\sin kx](\xi) = -i\sqrt{\dfrac{\pi}{2}}(\delta(\xi - k) - \delta(\xi + k))$ を確かめよ．

2-5 $f(x) = e^{-|x+3|}$ のフーリエ変換を求めよ．

2-6 $f(x) = e^{-x^2}$, $g(x) = \dfrac{1}{x^2 + 4}$ とする．このとき，次を求めよ．

$$(1)\ \mathcal{F}\left[\dfrac{d^2 f}{dx^2}\right](\xi) \qquad (2)\ \mathcal{F}[f * g](\xi)$$

2-7 $f(x) = \dfrac{1}{(x^2 + 1)^2}$ のフーリエ変換を求めよ．

第3章　ラプラス変換

　ピエール–シモン・ラプラス（1749-1827）はフランスの数学者・物理学者・天文学者であり，数学的には微分方程式と確率論の研究に大きく寄与した人物である．本章で学ぶラプラス変換は，ラプラスが微分方程式を解くために用いた幾つかの変換のうちの1つである．ラプラス変換が本格的に用いられたのは，イギリスの電気技術者オリヴァー・ヘヴィサイド（1850-1925）が提案した演算子法の数学的基礎づけを与えるためであった．今日の工学においてラプラス変換は，本章で確認するようにフーリエ変換において扱うことができなかった工学的に重要な関数も（超関数の理論を用いずに）扱うことができるため，微分方程式に限らず，制御理論などにおいて有用な数学的道具として応用されている．本章では，典型的な関数に対するラプラス変換とその逆変換を学ぶ．それらの知識を用いた常微分方程式や偏微分方程式の解法については，第4章4.4節や第5章の章末問題で学習する．

3.1　ラプラス変換

　本節ではラプラス変換を定義し，基本的な関数のラプラス変換を具体例として与える．

Point 3.1（ラプラス変換）

$t \geq 0$ で定義された (区分的に) 連続な関数 $f(t)$ に対し，以下の積分で表される s の関数

$$\int_0^\infty f(t)e^{-st}\,dt$$

を $f(t)$ の**ラプラス変換**といい，$\mathcal{L}[f](s)$ や $F(s)$ で表す．つまり，

$$\mathcal{L}[f](s) = F(s) = \int_0^\infty f(t)e^{-st}\,dt$$

である．

注意 3.1 関数 $f(t)$ に対し,

$$|f(t)| \leq Ce^{\alpha t} \tag{3.1.1}$$

となる定数 $C > 0$ と $\alpha > 0$ が存在すれば,$\mathrm{Re}\, s > \alpha$ なる複素変数 s について ラプラス変換 $\mathcal{L}[f](s)$ が存在する.よって,$f(t) = e^{t^2}$ などは扱わないことに する. $\diamondsuit$

例題 3.1 (ラプラス変換の基本的な例)

次の関数 $f(t)$ のラプラス変換 $\mathcal{L}[f](s)$ を求めよ.ただし (5) は $\mathrm{Re}\,(s-\alpha) > 0$ とし,その他は $\mathrm{Re}\, s > 0$ とする.

(1) $f(t) = 1$ (2) $f(t) = t$ (3) $f(t) = t^2$ (4) $f(t) = t^n$ (n は自然数)

(5) $f(t) = e^{\alpha t}$ (α は複素数) (6) $f(t) = \sin wt$ (w は実数)

解 (1) ラプラス変換の定義より,

$$\mathcal{L}[1](s) = \int_0^\infty e^{-st}\, dt = \left[-\frac{1}{s} e^{-st} \right]_0^\infty = -\frac{1}{s} \left(\lim_{t\to\infty} e^{-st} - 1 \right)$$

となる.ここで,$s = a + ib$ とすると,$\mathrm{Re}\, s = a > 0$ より,

$$0 \leq |e^{-st}| = |e^{-(a+ib)t}| = e^{-at}|e^{-ibt}| = e^{-at} \to 0 \quad (t \to \infty)$$

となるので,$\displaystyle \lim_{t\to\infty} e^{-st} = 0$ を得る.よって,

$$\mathcal{L}[1](s) = \frac{1}{s}$$

となる.ゆえに,$\mathcal{L}[1](s) = \dfrac{1}{s}$ を得る.

(2) ラプラス変換の定義より,

$$\mathcal{L}[t](s) = \int_0^\infty te^{-st} \, dt$$

$$= \left[-\frac{1}{s}te^{-st}\right]_0^\infty + \frac{1}{s}\underbrace{\int_0^\infty e^{-st} \, dt}_{\mathcal{L}[1](s)}$$

$$= -\frac{1}{s}\left(\lim_{t\to\infty} te^{-st} - 0\right) + \frac{1}{s^2}$$

となる. ここで, $s = a + ib$ とすると, $\operatorname{Re} s = a > 0$ より,

$$0 \le |te^{-st}| = |te^{-(a+ib)t}| = te^{-at}|e^{-ibt}| = te^{-at} \to 0 \ (t \to \infty) \quad (3.1.2)$$

を得る. 最後の極限は, ロピタルの定理より

$$\lim_{t\to\infty} te^{-at} = \lim_{t\to\infty} \frac{t}{e^{at}} = \lim_{t\to\infty} \frac{1}{ae^{at}} = 0$$

とわかる. よって, (3.1.2) より, $\displaystyle\lim_{t\to\infty} te^{-st} = 0$ を得るので,

$$\mathcal{L}[t](s) = \frac{1}{s^2}$$

となる. ゆえに, $\mathcal{L}[t](s) = \dfrac{1}{s^2}$ を得る.

(3) ラプラス変換の定義より,

$$\mathcal{L}[t^2](s) = \int_0^\infty t^2 e^{-st} \, dt = \left[-\frac{1}{s}t^2 e^{-st}\right]_0^\infty + \frac{2}{s}\underbrace{\int_0^\infty te^{-st} \, dt}_{\mathcal{L}[t](s)=\frac{1}{s^2}}$$

$$= -\frac{1}{s}\left(\lim_{t\to\infty} t^2 e^{-st} - 0\right) + \frac{2 \cdot 1}{s^3}$$

となる. ここで, $s = a + ib$ とすると, $\operatorname{Re} s = a > 0$ より,

$$0 \le |t^2 e^{-st}| = |t^2 e^{-(a+ib)t}| = t^2 e^{-at}|e^{-ibt}| = t^2 e^{-at} \to 0 \ (t \to \infty)$$
$$(3.1.3)$$

を得る．最後の極限は，ロピタルの定理より

$$\lim_{t\to\infty} t^2 e^{-at} = \lim_{t\to\infty} \frac{t^2}{e^{at}} = \lim_{t\to\infty} \frac{2t}{ae^{at}} = \lim_{t\to\infty} \frac{2}{a^2 e^{at}} = 0$$

とわかる．よって，(3.1.3) より，$\lim_{t\to\infty} t^2 e^{-st} = 0$ となるので，

$$\mathcal{L}[t^2](s) = \frac{2!}{s^3}$$

となる．ゆえに，$\mathcal{L}[t^2](s) = \dfrac{2!}{s^3}$ を得る．

(4) (2), (3) と同様のことを繰り返せば，$\mathcal{L}[t^n](s) = \dfrac{n!}{s^{n+1}}$ となることがわかる．

(5) ラプラス変換の定義より，

$$\mathcal{L}[e^{\alpha t}](s) = \int_0^\infty e^{\alpha t} e^{-st}\, dt = \int_0^\infty e^{-(s-\alpha)t}\, dt = \frac{1}{s-\alpha}$$

となる．よって，

$$\mathcal{L}[e^{\alpha t}](s) = \frac{1}{s-\alpha} \quad (\mathrm{Re}\,(s-\alpha) > 0)$$

となる．

(6) オイラーの公式と (5) より，

$$\begin{aligned}
\mathcal{L}[\sin wt](s) &= \int_0^\infty (\sin wt)e^{-st}\, dt \\
&= \int_0^\infty \left(\frac{e^{iwt} - e^{-iwt}}{2i}\right)e^{-st}\, dt \\
&= \frac{1}{2i}\left(\int_0^\infty e^{iwt}e^{-st}\, dt - \int_0^\infty e^{-iwt}e^{-st}\, dt\right) \\
&= \frac{1}{2i}\left(\mathcal{L}[e^{iwt}](s) - \mathcal{L}[e^{-iwt}](s)\right) \\
&= \frac{1}{2i}\left(\frac{1}{s-iw} - \frac{1}{s+iw}\right) \\
&= \frac{1}{2i}\cdot\frac{2iw}{s^2+w^2} = \frac{w}{s^2+w^2}
\end{aligned}$$

となる. よって,

$$\mathcal{L}[\sin wt](s) = \frac{w}{s^2 + w^2}$$

となる.   □

　今後は基本となるラプラス変換は既知として活用することで, なるべく積分の計算を省略する. そこで, 基本となるラプラス変換を表にまとめておく.

関数 $f(t)$	関数 $f(t)$ のラプラス変換 $\mathcal{L}[f](s)$
1	$\dfrac{1}{s}$ $\quad(\mathrm{Re}\ s > 0)$
t^n	$\dfrac{n!}{s^{n+1}}$ $\quad(\mathrm{Re}\ s > 0)$
$e^{\alpha t}$	$\dfrac{1}{s - \alpha}$ $\quad(\mathrm{Re}\ (s - \alpha) > 0)$
$\sin \omega t$	$\dfrac{\omega}{s^2 + \omega^2}$ $\quad(\mathrm{Re}\ s > 0)$
$\cos \omega t$	$\dfrac{s}{s^2 + \omega^2}$ $\quad(\mathrm{Re}\ s > 0)$

3.2　ラプラス変換の性質

　本節では, ラプラス変換が持つ重要な性質をいくつか紹介する. 以後, 断りがない限り, $f(t)$ や $g(t)$ は $t \geq 0$ で定義された (区分的に) 連続かつラプラス変換可能な関数とする.

(1) ラプラス変換の線形性

　ラプラス変換は積分で定義されたものであった. よって, 積分の線形性から次のことが成り立つことがわかる.

Point 3.2　(ラプラス変換の線形性)

　　1. $\mathcal{L}[f+g](s) = \mathcal{L}[f](s) + \mathcal{L}[g](s)$

　　2. $\mathcal{L}[\alpha f](s) = \alpha \mathcal{L}[f](s)$　　(α は複素数)

証明 1. のみを示す．積分の線形性から

$$\mathcal{L}[f+g](s) = \int_0^\infty (f(t) + g(t))e^{-st}\,dt$$

$$= \int_0^\infty f(t)e^{-st}\,dt + \int_0^\infty g(t)e^{-st}\,dt$$

$$= \mathcal{L}[f](s) + \mathcal{L}[g](s)$$

となる．以上より，

$$\mathcal{L}[f+g](s) = \mathcal{L}[f](s) + \mathcal{L}[g](s)$$

が成り立つことがわかる．　　　　　　　　　　　　　　　　　　　　□

例題 3.2 (ラプラス変換の線形性)

次の関数 $f(t)$ のラプラス変換 $\mathcal{L}[f](s)$ を求めよ．

(1) $f(t) = 5t^3$　　(2) $f(t) = \sin(-2t)$　　(3) $f(t) = \cos\left(3t - \dfrac{\pi}{6}\right)$

解 (1) ラプラス変換の線形性より，

$$\mathcal{L}[f](s) = \mathcal{L}[5t^3](s) = 5\mathcal{L}[t^3](s) = 5 \cdot \frac{3!}{s^4} = \frac{30}{s^4}$$

となる．

(2) ラプラス変換の線形性より，

$$\mathcal{L}[f](s) = \mathcal{L}[\sin(-2t)](s) = \mathcal{L}[-\sin 2t](s) = -\mathcal{L}[\sin 2t](s) = -\frac{2}{s^2+4}$$

となる．

(3) 三角関数の加法定理より，

$$\cos\left(3t - \frac{\pi}{6}\right) = \cos 3t \cos \frac{\pi}{6} + \sin 3t \sin \frac{\pi}{6} = \frac{\sqrt{3}}{2} \cos 3t + \frac{1}{2} \sin 3t$$

となるので，ラプラス変換の線形性より，

$$
\begin{aligned}
\mathcal{L}[f](s) &= \mathcal{L}\left[\cos\left(3t - \frac{\pi}{6}\right)\right](s) \\
&= \mathcal{L}\left[\left(\frac{\sqrt{3}}{2} \cos 3t + \frac{1}{2} \sin 3t\right)\right](s) \\
&= \frac{\sqrt{3}}{2}\mathcal{L}[\cos 3t](s) + \frac{1}{2}\mathcal{L}[\sin 3t](s) \\
&= \frac{\sqrt{3}}{2} \cdot \frac{s}{s^2 + 9} + \frac{1}{2} \cdot \frac{3}{s^2 + 9} = \frac{\sqrt{3}s + 1}{2(s^2 + 9)}
\end{aligned}
$$

を得る．よって，

$$\mathcal{L}\left[\cos\left(3t - \frac{\pi}{6}\right)\right](s) = \frac{\sqrt{3}s + 1}{2(s^2 + 9)}$$

となる．　　　　　　　　　　　　　　　　　　　　　　□

(2) 移動定理

Point 3.3　（移動定理）

$F(s) = \mathcal{L}[f](s)$ とおく．このとき，

$$\mathcal{L}[e^{at} f(t)](s) = F(s - a)$$

が成り立つ．

証明 ラプラス変換の定義より，

$$\mathcal{L}[e^{at} f(t)](s) = \int_0^\infty e^{at} f(t) e^{-st} \, dt = \int_0^\infty f(t) e^{-(s-a)t} \, dt = F(s - a)$$

となる．　　　　　　　　　　　　　　　　　　　　　　□

例題 3.3 (移動定理)

関数 $f(t) = e^{-3t} \sin 2t$ のラプラス変換 $\mathcal{L}[f](s)$ を求めよ．

解 $F(s) = \mathcal{L}[\sin 2t](s) = \dfrac{2}{s^2 + 4}$ なので，移動定理より，

$$\mathcal{L}[e^{-3t} \sin 2t](s) = F(s+3) = \frac{2}{(s+3)^2 + 4} = \frac{2}{s^2 + 6s + 13}$$

となる． □

(3) 伸縮のラプラス変換

Point 3.4 （伸縮のラプラス変換）

$F(s) = \mathcal{L}[f](s)$ とおく．このとき，$\lambda > 0$ に対し，

$$\mathcal{L}[f(\lambda t)](s) = \frac{1}{\lambda} F\left(\frac{s}{\lambda}\right)$$

が成り立つ．

証明 ラプラス変換の定義より，

$$\mathcal{L}[f(\lambda t)](s) = \int_0^\infty f(\lambda t) e^{-st} \, dt$$

となる．ここで $T = \lambda t$ とおくと，$dt = \dfrac{1}{\lambda} dT$ となり，$t : 0 \to \infty$ は $T : 0 \to \infty$ となる．よって，

$$\mathcal{L}[f(\lambda t)](s) = \int_0^\infty f(T) e^{-\frac{sT}{\lambda}} \left(\frac{1}{\lambda}\right) dT = \frac{1}{\lambda} F\left(\frac{s}{\lambda}\right)$$

を得る． □

(4) 導関数のラプラス変換

Point 3.5 （導関数のラプラス変換）

関数 $f(t)$ とその導関数 $f'(t)$ が $0 \leq t < \infty$ 上でそれぞれ連続とし，

$$\lim_{t \to \infty} f(t) e^{-st} = 0, \quad \lim_{t \to \infty} f'(t) e^{-st} = 0$$

が成り立つと仮定する．いま，$F(s) = \mathcal{L}[f](s)$ とおくと，

   1. $\mathcal{L}[f'](s) = sF(s) - f(0)$
   2. $\mathcal{L}[f''](s) = s^2 F(s) - sf(0) - f'(0)$

が成り立つ．

証明 1. のみ示す. ラプラス変換の定義と, $\lim_{t \to \infty} f(t)e^{-st} = 0$ より,

$$\mathcal{L}[f'](s) = \int_0^\infty f'(t)e^{-st}\,dt$$

$$= \left[f(t)e^{-st}\right]_0^\infty + s\underbrace{\int_0^\infty f(t)e^{-st}\,dt}_{\mathcal{L}[f](s)}$$

$$= (0 - f(0)) + s\mathcal{L}[f](s) = sF(s) - f(0).$$

よって,

$$\mathcal{L}[f'](s) = sF(s) - f(0)$$

が成り立つ. つまり, 微分演算はラプラス変換すると, s を掛ける演算になることがわかる. □

(5) 積分 $\displaystyle\int_0^t f(u)\,du$ のラプラス変換

Point 3.6 (積分 $\displaystyle\int_0^t f(u)\,du$ のラプラス変換)

$F(s) = \mathcal{L}[f](s)$ とおく. このとき, $g(t) = \displaystyle\int_0^t f(u)\,du$ が (3.1.1) を満たしていれば,

$$\mathcal{L}[g](s) = \frac{1}{s}F(s)$$

が成り立つ.

証明 ラプラス変換の定義より,

$$\mathcal{L}\left[\int_0^t f(u)\,du\right] = \int_0^\infty \left(\int_0^t f(u)\,du\right)e^{-st}\,dt$$

$$= \underbrace{\left[-\frac{1}{s}\left(\int_0^t f(u)\,du\right)e^{-st}\right]_0^\infty}_{0} + \underbrace{\frac{1}{s}\int_0^\infty f(t)e^{-st}\,dt}_{\mathcal{L}[f](s)=F(s)}$$

$$= \frac{1}{s}F(s)$$

となる．よって，

$$\mathcal{L}\left[\int_0^t f(u)\ du\right] = \frac{1}{s}F(s)$$

を得る． □

例題 3.4 (積分 $\int_0^t f(u)\ du$ のラプラス変換)

次のラプラス変換を求めよ．

$$\mathcal{L}\left[\int_0^t \cos 2u\ du\right](s)$$

解 $F(s) = \mathcal{L}[\cos 2t](s) = \dfrac{s}{s^2+4}$ より，

$$\mathcal{L}\left[\int_0^t \cos 2u\ du\right](s) = \frac{1}{s}\cdot F(s) = \frac{1}{s}\cdot\frac{s}{s^2+4} = \frac{1}{s^2+4}$$

となる． □

(6) $tf(t)$ のラプラス変換

Point 3.7　($tf(t)$ のラプラス変換)

$F(s) = \mathcal{L}[f](s)$ とおく．このとき，

$$\mathcal{L}[tf(t)](s) = -\frac{d}{ds}F(s)$$

が成り立つ．

証明 ラプラス変換の定義より，微分と積分の順序交換を認めれば，

$$\mathcal{L}[tf(t)](s) = \int_0^\infty tf(t)e^{-st}\ dt$$

$$= \int_0^\infty f(t)(te^{-st})\ dt$$

$$= \int_0^\infty f(t)\left(-\frac{\partial}{\partial s}e^{-st}\right)\ dt$$

$$= -\frac{d}{ds} \int_0^\infty f(t)e^{-st} \, dt$$

$$= -\frac{d}{ds}F(s)$$

を得る．よって，

$$\mathcal{L}[tf(t)](s) = -\frac{d}{ds}F(s)$$

となる．　　　　　　　　　　　　　　　　　　　　　　　　　　□

例題 3.5 ($tf(t)$ のラプラス変換)

次のラプラス変換を求めよ．

(1) $\mathcal{L}[te^{-4t}](s)$　　(2) $\mathcal{L}\left[\int_0^t u\sin 2u \, du\right](s)$

解 (1) $F(s) = \mathcal{L}[e^{-4t}](s) = \dfrac{1}{s+4}$ とおくと，

$$\mathcal{L}[te^{-4t}](s) = -\frac{d}{ds}F(s) = -\frac{d}{ds}\left\{\frac{1}{s+4}\right\} = -\frac{d}{ds}\left\{(s+4)^{-1}\right\}$$

$$= (s+4)^{-2} = \frac{1}{(s+4)^2}$$

となる．よって，

$$\mathcal{L}[te^{-4t}](s) = \frac{1}{(s+4)^2}$$

を得る．

(2) $F(s) = \mathcal{L}[\sin 2t](s) = \dfrac{2}{s^2+4}$ とおくと，

$$\mathcal{L}\left[\int_0^t u\sin 2u \, du\right](s) = \frac{1}{s} \cdot \left(-\frac{d}{ds}F(s)\right) = \frac{1}{s} \cdot \left\{-\frac{d}{ds}\left(\frac{2}{s^2+4}\right)\right\}$$

$$= \left(-\frac{2}{s}\right) \cdot \frac{d}{ds}\left\{(s^2+4)^{-1}\right\}$$

$$= \left(-\frac{2}{s}\right) \cdot (-1) \cdot (s^2+4)^{-2} \cdot (2s)$$

$$= \frac{4}{(s^2 + 4)^2}$$

となる. よって,

$$\mathcal{L}\left[\int_0^t u \sin 2u \ du\right](s) = \frac{4}{(s^2 + 4)^2}$$

を得る. □

(7) 周期関数のラプラス変換

Point 3.8 (周期関数のラプラス変換)
周期 p の区分的に連続な関数 $f(t)$ のラプラス変換は,

$$\mathcal{L}[f](s) = \frac{1}{1 - e^{-ps}} \int_0^p f(t)e^{-st} \ dt \quad (s > 0)$$

となる.

証明 関数 $f(t)$ を周期 p の周期関数とする. このとき, ラプラス変換の定義より,

$$
\begin{aligned}
\mathcal{L}[f](s) &= \int_0^\infty f(t)e^{-st} \ dt \\
&= \int_0^p f(t)e^{-st} \ dt + \int_p^{2p} f(t)e^{-st} \ dt + \cdots + \int_{(n-1)p}^{np} f(t)e^{-st} \ dt + \cdots \\
&= \sum_{n=1}^\infty \int_{(n-1)p}^{np} f(t)e^{-st} \ dt
\end{aligned}
\tag{3.2.1}
$$

となる. ここで, 積分

$$\int_{(n-1)p}^{np} f(t)e^{-st} \ dt$$

に対し, $t = (n-1)p + T$ とおくと, $dt = dT$ となり, $t : (n-1)p \to np$ は $T : 0 \to p$ となるので,

$$
\begin{aligned}
\int_{(n-1)p}^{np} f(t)e^{-st} \ dt &= \int_0^p f((n-1)p + T)e^{-s\{(n-1)p+T\}} \ dT \\
&= e^{-(n-1)ps} \int_0^p f((n-1)p + T)e^{-sT} \ dT
\end{aligned}
$$

を得る. 関数 $f(t)$ は周期 p の周期関数より,

$$f(T) = f(p + T) = f(2p + T) = \cdots = f((n-1)p + T)$$

となるので,

$$\int_{(n-1)p}^{np} f(t)e^{-st}\,dt = e^{-(n-1)ps}\int_0^p f(T)e^{-sT}\,dT$$

を得る. ゆえに, (3.2.1) より,

$$\mathcal{L}[f](s) = \left(\sum_{n=1}^{\infty} e^{-(n-1)ps}\right)\int_0^p f(T)e^{-sT}\,dT$$
$$= \frac{1}{1 - e^{-ps}}\int_0^p f(t)e^{-st}\,dt$$

となる. 最後の等号は, 初項 1, 公比 e^{-ps} の無限等比級数の和の公式より得られる. 以上より,

$$\mathcal{L}[f](s) = \frac{1}{1 - e^{-ps}}\int_0^p f(t)e^{-st}\,dt$$

が成り立つ. □

例題 3.6 (周期関数のラプラス変換)

$0 \leq t < \infty$ とする. このとき, 周期 2 の周期関数

$$f(t) = \begin{cases} 0 & (0 < t \leq 1) \\ 1 & (1 < t \leq 2) \end{cases}$$

のラプラス変換 $\mathcal{L}[f](s)$ を求めよ.

解 Point 3.8 より,

$$\mathcal{L}[f](s) = \frac{1}{1 - e^{-2s}}\int_0^2 f(t)e^{-st}\,dt = \frac{1}{1 - e^{-2s}}\int_1^2 e^{-st}\,dt$$
$$= \frac{1}{1 - e^{-2s}}\left[-\frac{1}{s}e^{-st}\right]_1^2 = \frac{1}{1 - e^{-2s}}\cdot\left(-\frac{1}{s}\right)\cdot(e^{-2s} - e^{-s})$$
$$= \frac{e^{-s}(1 - e^{-s})}{s(1 - e^{-s})(1 + e^{-s})} = \frac{e^{-s}}{s(1 + e^{-s})}$$

となる. よって,

$$\mathcal{L}[f](s) = \frac{1}{s(e^s + 1)}$$

を得る. □

(8) 単位関数（ステップ関数，ヘヴィサイド関数）のラプラス変換

関数

$$U(t) = \begin{cases} 1 & (t > 0) \\ 0 & (t \le 0) \end{cases}$$

を**単位関数**（ステップ関数，ヘヴィサイド関数）という. $y = U(t)$ のグラフは次のようになる.

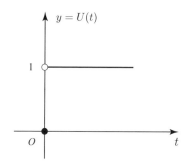

この関数を $a \ge 0$ だけ右に平行移動した関数は

$$U(t - a) = \begin{cases} 1 & (t > a) \\ 0 & (t \le a) \end{cases}$$

であり，グラフは次のようになる.

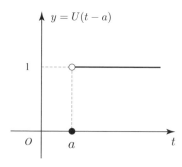

単位関数のラプラス変換は次のようになる.

Point 3.9 （単位関数のラプラス変換）

$a \geq 0$ とする. このとき,

$$\mathcal{L}[U(t-a)](s) = \frac{e^{-as}}{s} \quad (\text{Re } s > 0)$$

が成り立つ.

証明 定義より,

$$\mathcal{L}[U(t-a)](s) = \int_0^\infty U(t-a)e^{-st}\,dt = \int_a^\infty e^{-st}\,dt$$

$$= \left[-\frac{1}{s}e^{-st}\right]_a^\infty = -\frac{1}{s}(0 - e^{-as}) = \frac{e^{-as}}{s}$$

を得る. よって,

$$\mathcal{L}[U(t-a)](s) = \frac{e^{-as}}{s}$$

となる. □

単位関数を用いると, 関数 $f(t)$ を切り取り, さらにそれを平行移動した関数を表現できる. 図 3.1 に示す左の図が元の $f(t)$ で, 真ん中の図が $U(t)$ を掛けて切り取った図, 右の図は切り取った図を $a > 0$ だけ右に平行移動したものである.

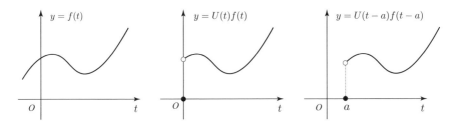

図 3.1 単位関数による $f(t)$ の切り取りとその平行移動

この $U(t-a)f(t-a)$ のラプラス変換は次のようになる.

Point 3.10　($U(t-a)f(t-a)$ のラプラス変換)

$F(s) = \mathcal{L}[f](s)$ とおく．このとき，$a \geq 0$ に対し，

$$\mathcal{L}[U(t-a)f(t-a)](s) = e^{-as}F(s)$$

が成り立つ．

証明 定義より，

$$\mathcal{L}[U(t-a)f(t-a)](s) = \int_0^\infty U(t-a)f(t-a)e^{-st}\,dt$$

$$= \int_a^\infty f(t-a)e^{-st}\,dt$$

となる．ここで，$t-a=T$ とおくと，$dt = dT$ となり，$t : a \to \infty$ は $T : 0 \to \infty$ となるので，

$$\mathcal{L}[U(t-a)f(t-a)](s) = \int_0^\infty f(T)e^{-s(a+T)}\,dT$$

$$= e^{-sa}\int_0^\infty f(T)e^{-sT}\,dT$$

$$= e^{-sa}F(s)$$

を得る．よって，

$$\mathcal{L}[U(t-a)f(t-a)](s) = e^{-sa}F(s)$$

となる． $\square$

例題 3.7 (単位関数のラプラス変換)

次を求めよ．

(1) $\mathcal{L}[U(t-1)](s)$ 　　(2) $\mathcal{L}\left[U\left(t-\dfrac{1}{2}\right)\cos(2t-1)\right](s)$

解 (1) Point 3.9 より，$\mathcal{L}[U(t-1)](s) = \dfrac{e^{-s}}{s}$ となる．

(2) $2t - 1 = 2\left(t - \dfrac{1}{2}\right)$ であるから，$F(s) = \mathcal{L}[\cos 2t](s) = \dfrac{s}{s^2 + 4}$ とおくと，

$$\mathcal{L}\left[U\left(t - \frac{1}{2}\right)\cos(2t - 1)\right](s) = e^{-\frac{1}{2}s}F(s) = \frac{se^{-\frac{1}{2}s}}{s^2 + 4}$$

となる． □

(9) たたみ込みのラプラス変換

$t \geq 0$ で定義された関数 $f(t), g(t)$ に対し，たたみ込み $(f * g)(t)$ を

$$(f * g)(t) = \int_0^t f(\tau)g(t - \tau)\, d\tau$$

と定める．

Point 3.11　(たたみ込みのラプラス変換)
$F(s) = \mathcal{L}[f](s)$，$G(s) = \mathcal{L}]g](s)$ とおくと，

$$\mathcal{L}[f * g](s) = F(s)G(s)$$

が成り立つ．

証明 ラプラス変換の定義より，

$$\mathcal{L}[f * g](s) = \int_0^\infty \left(\int_0^t f(\tau)g(t - \tau)\, d\tau\right)e^{-st}\, dt$$

と表せる．いま，領域 D は

$$D = \{(t, \tau) \mid 0 \leq \tau \leq t,\ 0 \leq t < \infty\}$$
$$= \{(t, \tau) \mid \tau \leq t,\ 0 \leq \tau < \infty\}$$

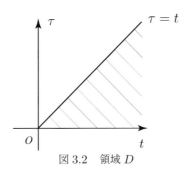

図 3.2　領域 D

とみることができる（図 3.2 参照）ので，積分の順序を入れ換えると，

$$\mathcal{L}[f * g](s) = \int_0^\infty f(\tau) \left(\int_\tau^\infty g(t - \tau) e^{-st} \, dt \right) d\tau$$

となる．ここで，変数 t についての積分において $T = t - \tau$ とおくと，$dt = dT$ となり，$t : \tau \to \infty$ は $T : 0 \to \infty$ となるので，

$$\mathcal{L}[f * g](s) = \int_0^\infty f(\tau) \left(\int_0^\infty g(T) e^{-s(T+\tau)} \, dT \right) d\tau$$

$$= \int_0^\infty f(\tau) e^{-s\tau} \, d\tau \int_0^\infty g(\tau) e^{-sT} \, dT$$

$$= F(s)G(s)$$

となる．よって，

$$\mathcal{L}[f * g](s) = F(s)G(s)$$

を得る．つまり，2 つの関数のたたみ込みはラプラス変換すると積に変わる． □

例題 3.8 (たたみ込みのラプラス変換)

$f(t) = \cos 3t$ とするとき，$\mathcal{L}[f * f](s)$ を求めよ．

解 $F(s) = \mathcal{L}[\cos 3t](s) = \dfrac{s}{s^2 + 9}$ とおくと，

$$\mathcal{L}[f * f](t) = \{F(s)\}^2 = \frac{s^2}{(s^2 + 9)^2}$$

となる． □

ラプラス変換の性質を表 3.1 にまとめておく．

表 3.1　ラプラス変換一覧

	関数	ラプラス変換
和	$f(t) + g(t)$	$\mathcal{L}[f](s) + \mathcal{L}[g](s)$
定数倍	$\alpha f(t)$	$\alpha \mathcal{L}[f](s)$
e^{at} 積	$e^{at} f(t)$	$\mathcal{L}[f](s - a)$
伸縮	$f(\lambda t) \quad (\lambda > 0)$	$\dfrac{1}{\lambda} \mathcal{L}[f]\left(\dfrac{s}{\lambda}\right)$
微分	$f'(t)$	$s\mathcal{L}[f](s) - f(+0)$
2 階微分	$f''(t)$	$s^2 \mathcal{L}[f](s) - sf(+0) - f'(+0)$
積分	$\displaystyle\int_0^t f(u)\,du$	$\dfrac{1}{s} \mathcal{L}[f](s)$
t^n 積	$t^n f(t)$	$(-1)^n \dfrac{d^n}{ds^n} \mathcal{L}[f](s)$
周期関数	$f(t)$: 周期関数（周期 p）	$\dfrac{1}{1 - e^{-ps}} \displaystyle\int_0^p f(t) e^{-st}\,dt$
単位関数	$U(t - a)f(t - a)$	$e^{-as} \mathcal{L}[f](s)$
たたみ込み	$(f * g)(t)$	$\mathcal{L}[f](s)\mathcal{L}[g](s)$

3.3　デルタ関数とラプラス変換

　ここでは，デルタ関数のラプラス変換についてまとめる．デルタ関数に関しては，2.2 節を参照せよ．$a \geq 0$ とするとき，デルタ関数 $\delta_a(t)$ のラプラス変換

$\mathcal{L}[\delta_a](s)$ について考えてみる. いま, $\varepsilon > 0$ とする. このとき,

$$\mathcal{L}[h_{a,\varepsilon}](s) = \int_0^\infty h_{a,\varepsilon}(t)e^{-st} \, dt = \frac{1}{\varepsilon} \int_a^{a+\varepsilon} e^{-st} \, dt$$

$$= \frac{1}{\varepsilon} \left[-\frac{1}{s}e^{-st} \right]_a^{a+\varepsilon} = -\frac{1}{\varepsilon s} \left(e^{-(a+\varepsilon)s} - e^{-as} \right)$$

となるので,

$$\lim_{\varepsilon \to +0} \mathcal{L}[h_{a,\varepsilon}](s) = -\frac{1}{s} \lim_{\varepsilon \to +0} \frac{e^{-(a+\varepsilon)s} - e^{-as}}{\varepsilon}$$

$$= -\frac{1}{s} \left(\frac{d}{d\tau}e^{-\tau s} \right) \bigg|_{\tau=a} = e^{-as}$$

となる. よって,

$$\mathcal{L}[\delta_a](s) = \lim_{\varepsilon \to +0} \mathcal{L}[h_{a,\varepsilon}](s) = e^{-as}$$

が得られる.

注意 3.2 特に $a = 0$ のときのラプラス変換は, $\mathcal{L}[\delta](s) = 1$ となる. ◇

Point 3.12 （デルタ関数のラプラス変換）

$a \geq 0$ に対し,

$$\mathcal{L}[\delta_a](s) = e^{-as}$$

が成り立つ. 特に, $a = 0$ のときは,

$$\mathcal{L}[\delta](s) = 1$$

となる.

3.4 ラプラス逆変換

関数 $f(t)$ のラプラス変換を $F(s)$ と表す. このとき, $F(s)$ がある程度よい条件を持っていれば, $F(s)$ をラプラス変換に持つ関数は $f(t)$ の他にないという事実を利用して, ラプラス変換された s 変数の関数を元に戻す変換を**ラプラス逆変換**といい, $F(s)$ のラプラス逆変換を $\mathcal{L}^{-1}[F](t)$ と表す.

ラプラス逆変換においても線形性が成り立つ.

Point 3.13 (ラプラス逆変換の線形性)

関数 $F(s)$, $G(s)$ をそれぞれ $f(t)$, $g(t)$ のラプラス変換とする. このとき, 次が成り立つ.

1. $\mathcal{L}^{-1}[F + G](t) = \mathcal{L}^{-1}[F](t) + \mathcal{L}^{-1}[G](t)$
2. $\mathcal{L}^{-1}[\alpha F](t) = \alpha \mathcal{L}^{-1}[F](t)$ (α : 複素数)

証明 1. のみを証明する. 関数 $F(s)$, $G(s)$ は $f(t)$, $g(t)$ のラプラス変換なので,

$$F(s) = \mathcal{L}[f](s), \quad G(s) = \mathcal{L}[g](s)$$

と表せる. また, これから,

$$f(t) = \mathcal{L}^{-1}[F](t), \quad g(t) = \mathcal{L}^{-1}[G](t)$$

とも表せる. よって,

$$f(t) + g(t) = \mathcal{L}^{-1}[F](t) + \mathcal{L}^{-1}[G](t) \tag{3.4.1}$$

である. 一方で, ラプラス変換の線形性から,

$$\mathcal{L}[f + g](s) = \mathcal{L}[f](s) + \mathcal{L}[g](s) = F(s) + G(s)$$

となるので,

$$f(t) + g(t) = \mathcal{L}^{-1}[F + G](t) \tag{3.4.2}$$

である. 以上 (3.4.1) と (3.4.2) より,

$$\mathcal{L}^{-1}[F + G](t) = \mathcal{L}^{-1}[F](t) + \mathcal{L}^{-1}[G](t)$$

となる. □

例題 3.9 (ラプラス逆変換)

次の関数 $F(s)$ のラプラス逆変換 $\mathcal{L}^{-1}[F](t)$ を求めよ.

(1) $F(s) = \dfrac{4}{s^2 + 16} - \dfrac{5s}{s^2 + 4} + \dfrac{2}{s}$　　(2) $F(s) = \dfrac{s + 1}{(s + 1)^2 + 4}$

(3) $F(s) = \dfrac{2}{s^2 + 2s + 5}$　　(4) $F(s) = \dfrac{s}{(s^2 + 4)^2}$

解 (1) ラプラス逆変換の線形性より,

$$\mathcal{L}^{-1}[F](t) = \mathcal{L}^{-1}\left[\frac{4}{s^2 + 16} - \frac{5s}{s^2 + 4} + \frac{2}{s}\right](t)$$

$$= \mathcal{L}^{-1}\left[\frac{4}{s^2 + 16}\right](t) - 5\mathcal{L}^{-1}\left[\frac{s}{s^2 + 4}\right](t) + 2\mathcal{L}^{-1}\left[\frac{1}{s}\right](t)$$

$$= \sin 4t - 5\cos 2t + 2$$

となる.

(2) $g(t) = \mathcal{L}^{-1}\left[\dfrac{s}{s^2 + 4}\right](t) = \cos 2t$ とおくと, 表 3.1 の $e^{\alpha t}$ 積より,

$$\mathcal{L}^{-1}[F](t) = \mathcal{L}^{-1}\left[\frac{s + 1}{(s + 1)^2 + 4}\right](t) = e^{-t}g(t) = e^{-t}\cos 2t$$

となる.

(3) $F(s) = \dfrac{2}{s^2 + 2s + 5} = \dfrac{2}{(s + 1)^2 + 4}$ となることに注意する. いま, $g(t) = \mathcal{L}\left[\dfrac{2}{s^2 + 4}\right](t) = \sin 2t$ とおくと, 表 3.1 の $e^{\alpha t}$ 積より,

$$\mathcal{L}^{-1}[F](t) = \mathcal{L}^{-1}\left[\frac{2}{(s + 1)^2 + 4}\right](t) = e^{-t}g(t) = e^{-t}\sin 2t$$

となる.

(4) $\dfrac{d}{ds}\left(\dfrac{1}{s^2+4}\right) = -\dfrac{2s}{(s^2+4)^2}$ より,

$$\frac{s}{(s^2+4)^2} = \frac{1}{2}\left[-\frac{d}{ds}\left(\frac{1}{s^2+4}\right)\right] = \frac{1}{4}\left[-\frac{d}{ds}\underbrace{\left(\frac{2}{s^2+4}\right)}_{\mathcal{L}[\sin 2t](s)}\right]$$

となる. いま, $g(t) = \mathcal{L}^{-1}\left[\dfrac{2}{s^2+4}\right](t) = \sin 2t$ とおくと, ラプラス逆変換の線形性および表 3.1 の t^n 積より,

$$\mathcal{L}^{-1}\left[\frac{s}{(s^2+4)^2}\right](t) = \frac{1}{4}\mathcal{L}^{-1}\left[-\frac{d}{ds}\left(\frac{2}{s^2+4}\right)\right](t) = \frac{1}{4}tg(t) = \frac{1}{4}\,t\sin 2t$$

となる. □

部分分数分解の方法（ヘヴィサイドの展開定理）

有理関数
$$F(s) = \frac{P(s)}{Q(s)} \quad (P(s),\ Q(s):\ s \text{ の多項式})$$

の部分分数分解は恒等式の考え方を用いて実行可能であるが, 恒等式を用いると分母 $Q(s)$ の次数が高くなると計算は煩雑になることがある. そこで, 次の方法もあるので知っておくと便利である.

(1) 有理関数 $F(s) = \dfrac{P(s)}{Q(s)}$ に対し, $Q(s) = 0$ が異なる n 個の解 a_k $(k = 1, 2, \cdots, n)$ を持つ場合

$Q(s)$ は条件より,

$$Q(s) = (s-a_1)(s-a_2)\cdots(s-a_n)$$

と因数分解できる. いま,

$$F(s) = \frac{c_1}{s-a_1} + \frac{c_2}{s-a_2} + \cdots + \frac{c_k}{s-a_k} + \cdots + \frac{c_n}{s-a_n}$$

と表せたとすると, 定数 c_k $(k = 1, 2, \cdots, n)$ は,

$$c_k = \lim_{s \to a_k}(s-a_k)F(s)$$

で求めることができる.

Ex 1 $F(s) = \dfrac{s}{(s-2)(s+1)} = \dfrac{c_1}{s-2} + \dfrac{c_2}{s+1}$ と表せたとすると,

$$c_1 = \lim_{s \to 2}(s-2)F(s) = \lim_{s \to 2}\frac{s}{s+1} = \frac{2}{3},$$

$$c_2 = \lim_{s \to 2}(s+1)F(s) = \lim_{s \to -1}\frac{s}{s-2} = \frac{1}{3}$$

となるので,

$$\frac{s}{(s-2)(s+1)} = \frac{1}{3}\left(\frac{2}{s-2} + \frac{1}{s+1}\right)$$

と部分分数分解できる. $\diamondsuit$

※このことは複素関数論の言葉でいうと, $a_1, a_2, \cdots, a_n$ が関数 $F(s)$ の 1 位の極で, $c_1, c_2, \cdots, c_n$ がそこでの留数ということである.

(2) $Q(s) = 0$ が重解 a を持つ場合

　いま, $Q(s) = 0$ が n 重解 a を持つとする. このとき, $F(s)$ は

$$F(s) = \frac{P(s)}{Q(s)} = \frac{c_1}{s-a} + \frac{c_2}{(s-a)^2} + \cdots + \frac{c_n}{(s-a)^n} + G(s)$$

と表せる. ここで, 関数 $G(s)$ は分母に $s-a$ を含まない有理関数とする. この両辺に $(s-a)^n$ を掛けると,

$$\begin{aligned}
(s-a)^n F(s) =&\, c_1(s-a)^{n-1} + c_2(s-a)^{n-2} \\
&+ \cdots + c_{n-1}(s-a) + c_n + (s-a)^n G(s)
\end{aligned} \tag{3.4.3}$$

を得る. このとき, $s \to a$ とすると,

$$c_n = \lim_{s \to a}(s-a)^n F(s)$$

となることがわかる. 次に, 式 (3.4.3) の両辺を s で微分すると,

$$\begin{aligned}
\frac{d}{ds}\{(s-a)^n F(s)\} =&\, (n-1)c_1(s-a)^{n-2} + (n-2)c_2(s-a)^{n-3} \\
&+ \cdots + c_{n-1} + \frac{d}{ds}\{(s-a)^n G(s)\} \\
=&\, (n-1)c_1(s-a)^{n-2} + (n-2)c_2(s-a)^{n-3} + \cdots + c_{n-1} \\
&+ n(s-a)^{n-1}G(s) + (s-a)^n \frac{d}{ds}G(s)
\end{aligned}$$

となるので, $s \to a$ のとき,

$$c_{n-1} = \lim_{s \to a} \frac{d}{ds}\{(s-a)^n F(s)\}$$

を得る. これを繰り返すと,

$$c_k = \frac{1}{(n-k)!} \lim_{s \to a} \frac{d^{n-k}}{ds^{n-k}}\{(s-a)^n F(s)\}$$

となることがわかる.

Ex 2 $F(s) = \dfrac{1}{s^3(s-1)} = \dfrac{c_1}{s} + \dfrac{c_2}{s^2} + \dfrac{c_3}{s^3} + \dfrac{d_4}{s-1}$ と表せたとすると,

$$c_1 = \frac{1}{(3-1)!} \lim_{s \to 0} \frac{d^{3-1}}{ds^{3-1}}\{s^3 F(s)\} = \frac{1}{2} \lim_{s \to 0} \frac{d^2}{ds^2}\left(\frac{1}{s-1}\right)$$

$$= \frac{1}{2} \lim_{s \to 0} \frac{2}{(s-1)^3} = -1,$$

$$c_2 = \frac{1}{(3-2)!} \lim_{s \to 0} \frac{d^{3-2}}{ds^{3-2}}\{s^3 F(s)\} = \lim_{s \to 0} \frac{d}{ds}\left(\frac{1}{s-1}\right)$$

$$= \lim_{s \to 0}\left(-\frac{1}{(s-1)^2}\right) = -1,$$

$$c_3 = \frac{1}{(3-3)!} \lim_{s \to 0} \frac{d^{3-3}}{ds^{3-3}}\{s^3 F(s)\} = \lim_{s \to 0} \frac{1}{s-1} = -1,$$

$$d_4 = \lim_{s \to 1}(s-1)F(s) = \lim_{s \to 1} \frac{1}{s^3} = 1$$

となるので,

$$\frac{1}{s^3(s-1)} = -\frac{1}{s} - \frac{1}{s^2} - \frac{1}{s^3} + \frac{1}{s-1}$$

と部分分数分解できる. ◇

注意 3.3 $\dfrac{1}{s(s^2+1)}$ のように, 分母に s^2+a^2 がある場合は, 分母を $(s+ia)(s-ia)$ のように因数分解することで, 同様に計算することができる. ただし, 実数の範囲で部分分数分解をしたい場合は, $\dfrac{A}{s} + \dfrac{Bs+C}{s^2+1}$ と分解して恒等式として A, B, C を求めればよい. ◇

例題 3.10 (ラプラス逆変換 (部分分数分解))

次の関数 $F(s)$ のラプラス逆変換 $\mathcal{L}^{-1}[F](t)$ を求めよ.

(1) $F(s) = \dfrac{2s^2 - 5s + 5}{(s+3)^2(s-1)}$　　(2) $F(s) = \dfrac{2s-1}{s(s^2+4)}$

解 (1) $F(s)$ の部分分数分解を,

$$F(s) = \frac{2s^2 - 5s + 5}{(s+3)^2(s-1)} = \frac{c_1}{s+3} + \frac{c_2}{(s+3)^2} + \frac{d_1}{s-1}$$

とおくと,

$$c_1 = \lim_{s \to -3} \frac{d}{ds}\{(s+3)^2 F(s)\} = \lim_{s \to -3} \frac{d}{ds}\left(\frac{2s^2 - 5s + 5}{s-1}\right) = \lim_{s \to -3} \frac{2s^2 - 4s}{(s-1)^2} = \frac{15}{8},$$

$$c_2 = \lim_{s \to -3}(s+3)^2 F(s) = \lim_{s \to -3} \frac{2s^2 - 5s + 5}{s-1} = -\frac{38}{4},$$

$$d_1 = \lim_{s \to 1}(s-1)F(s) = \lim_{s \to 1} \frac{2s^2 - 5s + 5}{(s+3)^2} = \frac{1}{8}$$

となる. 以上より,

$$F(s) = \frac{15}{8} \cdot \frac{1}{s+3} - \frac{38}{4} \cdot \frac{1}{(s+3)^2} + \frac{1}{8} \cdot \frac{1}{s-1}$$

となるので, ラプラス逆変換の線形性より

$$\mathcal{L}^{-1}[F](t) = \frac{15}{8}\mathcal{L}^{-1}\left[\frac{1}{s+3}\right](t) - \frac{38}{4}\mathcal{L}^{-1}\left[\frac{1}{(s+3)^2}\right](t) + \frac{1}{8}\mathcal{L}^{-1}\left[\frac{1}{s-1}\right](t)$$

$$= \frac{15}{8}e^{-3t} - \frac{38}{4}te^{-3t} + \frac{1}{8}e^{t}$$

を得る.

(2) $F(s)$ の部分分数分解を,

$$F(s) = \frac{2s-1}{s(s^2+4)} = \frac{2s-1}{s(s-2i)(s+2i)} = \frac{c_1}{s} + \frac{c_2}{s-2i} + \frac{c_3}{s+2i}$$

とおくと,

$$c_1 = \lim_{s \to 0} sF(s) = \lim_{s \to 0} \frac{2s - 1}{s^2 + 4} = -\frac{1}{4},$$

$$c_2 = \lim_{s \to 2i} (s - 2i)F(s) = \lim_{s \to 2i} \frac{2s - 1}{s(s + 2i)} = -\frac{4i - 1}{8},$$

$$c_3 = \lim_{s \to -2i} (s + 2i)F(s) = \lim_{s \to -2i} \frac{2s - 1}{s(s - 2i)} = \frac{4i + 1}{8}$$

となる. よって,

$$F(s) = \frac{2s - 1}{s(s^2 + 4)} = \frac{2s - 1}{s(s - 2i)(s + 2i)}$$

$$= -\frac{1}{4s} - \frac{4i - 1}{8} \cdot \frac{1}{s - 2i} + \frac{4i + 1}{8} \cdot \frac{1}{s + 2i}$$

を得るので, ラプラス逆変換の線形性より,

$$\mathcal{L}^{-1}\left[\frac{2s - 1}{s(s^2 + 4)}\right](t) = \mathcal{L}^{-1}\left[-\frac{1}{4s} - \frac{4i - 1}{8} \cdot \frac{1}{s - 2i} + \frac{4i + 1}{8} \cdot \frac{1}{s + 2i}\right](t)$$

$$= -\frac{1}{4}\mathcal{L}^{-1}\left[\frac{1}{s}\right](t) - \frac{4i - 1}{8}\mathcal{L}^{-1}\left[\frac{1}{s - 2i}\right](t) + \frac{4i + 1}{8}\mathcal{L}^{-1}\left[\frac{1}{s + 2i}\right](t)$$

$$= -\frac{1}{4} - \frac{4i - 1}{8}e^{2it} + \frac{4i + 1}{8}e^{-2it}$$

$$= -\frac{1}{4} - \frac{4i - 1}{8}(\cos 2t + i\sin 2t) + \frac{4i + 1}{8}(\cos 2t - i\sin 2t)$$

$$= -\frac{1}{4} + \frac{1}{4}\cos 2t + \sin 2t$$

となる.

(2) の別解 $F(s)$ の部分分数分解を,

$$F(s) = \frac{2s - 1}{s(s^2 + 4)} = \frac{c_1}{s} + \frac{c_2 s + c_3}{s^2 + 4} \tag{3.4.4}$$

とおく. いま右辺を通分すると,

$$\frac{c_1}{s} + \frac{c_2 s + c_3}{s^2 + 4} = \frac{(c_1 + c_2)s^2 + c_3 s + 4c_1}{s(s^2 + 4)}$$

となるので，$c_1 + c_2 = 0$, $c_3 = 2$, $4c_1 = -1$ より，$c_1 = -\dfrac{1}{4}$, $c_2 = \dfrac{1}{4}$, $c_3 = 2$ を得る．よって，(3.4.4) より，

$$\frac{2s-1}{s(s^2+4)} = -\frac{1}{4}\cdot\frac{1}{s} + \frac{1}{4}\cdot\frac{s}{s^2+4} + \frac{2}{s^2+4}$$

となるので，

$$
\begin{aligned}
\mathcal{L}^{-1}\left[\frac{2s-1}{s(s^2+4)}\right](t) &= \mathcal{L}^{-1}\left[-\frac{1}{4}\cdot\frac{1}{s} + \frac{1}{4}\cdot\frac{s}{s^2+4} + \frac{2}{s^2+4}\right](t)\\
&= -\frac{1}{4}\mathcal{L}^{-1}\left[\frac{1}{s}\right](t) + \frac{1}{4}\mathcal{L}^{-1}\left[\frac{s}{s^2+4}\right](t) + \mathcal{L}^{-1}\left[\frac{2}{s^2+4}\right](t)\\
&= -\frac{1}{4} + \frac{1}{4}\cos 2t + \sin 2t
\end{aligned}
$$

を得る． □

章末問題 (略解は p.203〜p.204)

3-1 ラプラス変換の定義を用いて $f(t) = t^2$ のラプラス変換 $\mathcal{L}[f](s)$ を求めよ．

3-2 次の関数 $f(t)$ のラプラス変換 $\mathcal{L}[f](s)$ を求めよ．

(1) $f(t) = t^2 - t - 2$　　　(2) $f(t) = 2t^3 + 1$　　　(3) $f(t) = e^{-2t} + 2e^{3t}$

(4) $f(t) = 3t^4 - 2e^{-2t}$　　(5) $f(t) = \dfrac{t^2}{2} + \dfrac{t^3}{6} - e^{-t}$　(6) $f(t) = \cos t + \sin t$

(7) $f(t) = 3\cos 2t + 1$　　(8) $f(t) = \cos^2 t$　　　(9) $f(t) = \sin^2 3t$

(10) $f(t) = \sin\left(2t - \dfrac{\pi}{4}\right)$　(11) $f(t) = \cos\left(t - \dfrac{2\pi}{3}\right)$

3-3 次の関数 $f(t)$ のラプラス変換 $\mathcal{L}[f](s)$ を求めよ．

(1) $f(t) = t^2 e^{2t}$　　　　(2) $f(t) = t^3 e^{-2it}$　　　(3) $f(t) = e^t \sin 2t$

(4) $f(t) = e^{-2t}\cos 3t$　　(5) $f(t) = e^{-3it}\cos 2t$

3-4 次の関数 $f(t)$ のラプラス変換 $\mathcal{L}[f](s)$ を求めよ．

(1) $f(t) = \displaystyle\int_0^t \sin 3u\, du$　　　　(2) $f(t) = \displaystyle\int_0^t \cos(-2u)\, du$

(3) $f(t) = \displaystyle\int_0^t (u^3 - e^{-u})\, du$　　(4) $f(t) = \displaystyle\int_0^t (u^2 - e^{2iu})\, du$

$$(5)\ f(t) = \int_0^t e^{-2u} u^2 du \qquad\qquad (6)\ f(t) = \int_0^t e^{3u} \cos 2u\, du$$

3-5 次の関数 $f(t)$ のラプラス変換 $\mathcal{L}[f](s)$ を求めよ.

$(1)\ f(t) = t \sin 3t$　　　　　　　　$(2)\ f(t) = t \cos \sqrt{2} t$

$(3)\ f(t) = \displaystyle\int_0^t u \sin 3u\, du$　　　　$(4)\ f(t) = \displaystyle\int_0^t u e^{-2u} du$

3-6 周期 2 の周期関数

$$f(t) = \begin{cases} t & (0 \le t < 1) \\ 2 - t & (1 \le t < 2) \end{cases}$$

のラプラス変換 $\mathcal{L}[f](s)$ を求めよ.

3-7 $\mathcal{L}\left[U\left(t - \dfrac{2}{3}\right)e^{3t-2}\right](s)$ を求めよ. ただし, $U(t)$ は単位関数とする.

3-8 下図のようなグラフを持つ関数 $f(t)$ のラプラス変換 $\mathcal{L}[f](s)$ を求めよ.

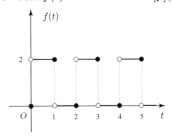

3-9 関数 $f(t) = t^3$, $g(t) = 3 \cos 2t$, $h(t) = 2e^{-t}$ に対し, ラプラス変換 $\mathcal{L}[f * g * h](s)$ を求めよ.

3-10 $f(t) = t^\lambda\ (\lambda > -1)$ のラプラス変換 $\mathcal{L}[f](s)\ (s > 0)$ を求めよ. 特に, $f(t) = \sqrt{t}$ のラプラス変換 $\mathcal{L}[\sqrt{t}\,](s)$ はどうなるか確かめよ.

3-11 次の関数 $F(s)$ のラプラス逆変換 $\mathcal{L}^{-1}[F](t)$ を求めよ.

$(1)\ F(s) = \dfrac{3!}{s^4} + \dfrac{3}{s-2}$　　　　$(2)\ F(s) = \dfrac{1}{s - i\omega} - \dfrac{1}{s + i\omega}$

$(3)\ F(s) = \dfrac{2}{s} + \dfrac{12}{s^2 + 16}$　　　　$(4)\ F(s) = \dfrac{3}{s+9} + \dfrac{3s}{s^2 + 9}$

$(5)\ F(s) = \dfrac{s - 2}{s^2 + 4}$　　　　　　$(6)\ F(s) = \dfrac{2s - 1}{s^2 + 9}$

$(7)\ F(s) = \dfrac{8s - 1}{4s^2 + 1}$

3-12 次の関数 $F(s)$ のラプラス逆変換 $\mathcal{L}^{-1}[F](t)$ を求めよ.

(1) $F(s) = \dfrac{2!}{(s-2)^3}$

(2) $F(s) = \dfrac{4}{(s+2)^4}$

(3) $F(s) = \dfrac{s-2}{(s-2)^2+9}$

(4) $F(s) = \dfrac{2s-10}{(s-2)^2+9}$

(5) $F(s) = \dfrac{s-2}{s^2-4s+8}$

(6) $F(s) = \dfrac{1}{s^2-2s+2}$

(7) $F(s) = \dfrac{2s}{s^2+2s+5}$

(8) $F(s) = \dfrac{3s+8}{s^2+4s+5}$

(9) $F(s) = \dfrac{s}{(s^2+4)^2}$

(10) $F(s) = \dfrac{2s}{(s^2+2)^2}$

(11) $F(s) = \dfrac{6s}{(3s^2+1)^2}$

3-13 次の関数 $F(s)$ のラプラス逆変換 $\mathcal{L}^{-1}[F](t)$ を求めよ.

(1) $F(s) = \dfrac{s+3}{(s-2)(s+2)}$

(2) $F(s) = \dfrac{s}{(2s-2)(s-3)}$

(3) $F(s) = \dfrac{2s-1}{s^2-s-2}$

(4) $F(s) = \dfrac{1}{(s-1)(s-2)(s+1)}$

(5) $F(s) = \dfrac{1}{s(s+2)^2}$

(6) $F(s) = \dfrac{2s-1}{s(s+1)^2}$

3-14 $F(s) = \dfrac{1}{(s^2+4)^2}$ のラプラス逆変換 $\mathcal{L}^{-1}[F](t)$ を求めよ.

第4章　常微分方程式

この章では，1階または2階の常微分方程式の代表的ないくつかの「型」に対し，その解法を学習する．第5章において偏微分方程式の解法を学ぶ際，与えられた偏微分方程式を本章で学ぶ常微分方程式に書き換える．そして，書き換えられた常微分方程式を解くことにより，偏微分方程式の解を求めることができる．そのため，本章で学ぶことは，偏微分方程式の解法を学ぶうえでも重要となる．

4.1　常微分方程式とその解

y が x についての1変数の関数のとき，独立変数 x と未知関数 y および y の導関数 $y', y'', y''', \cdots$ を含んだ方程式を「常微分方程式」という．常微分方程式に含まれる微分の最高階数をその常微分方程式の「階数」という．常微分方程式が未知関数 y とその導関数 $y', y'', y''', \cdots$ について1次式であるとき，「線形である」という．例えば，$y'' + 2xy' - 3y = \log x$ は2階の線形常微分方程式となり，$y' = y(1 - y)$ は1階の非線形常微分方程式となる．微分方程式を満たす関数を，その微分方程式の「解」といい，解を求めることを「微分方程式を解く」という．また，解のグラフを「解曲線」と呼ぶ．n 階の常微分方程式に対し，「任意定数」を n 個含む解を「一般解」といい，その任意定数に特別な値を代入して求まる解を「特殊解」という．一方で，ある x の値において，未知関数 y やその導関数の値を指定したものを「初期条件」（ex. $y(0) = 3, y'(0) = 0$）という．また，ある区間の両端において，未知関数 y やその導関数の値を指定したものを「境界条件」（ex. $y(0) = 1, y(1) = -2$）という．特に断らない限り，この章では $C, C_1, C_2, \cdots$ は任意定数を表すものとする．

4.2　1階常微分方程式の解法

本節ではいくつかの型の1階常微分方程式に対し，その解を求める方法を学ぶ．

4.2.1　変数分離形

Point 4.1 (変数分離形)

$g(x)$ と $h(y)$ を与えられた関数とする. このとき,

$$y' = g(x)h(y)$$

の形の常微分方程式を**変数分離形**という. この方程式の一般解は

$$\int \frac{1}{h(y)} \, dy = \int g(x) \, dx$$

を計算することで求めることができる.

注意 4.1 つまり変数分離形とは

$$y' = (x \text{ の関数}) \times (y \text{ の関数})$$

の形の常微分方程式を指す.   ◇

例題 4.1 (変数分離形)

$y' = -\dfrac{x}{y}, \ y(0) = 1$ を解け.

解 $y' = -\dfrac{x}{y}$ を $\dfrac{dy}{dx} = -\dfrac{x}{y}$ と表し, $y\dfrac{dy}{dx} = -x$ と式変形する. この両辺を x で積分すると,

$$\int y \, dy = -\int x \, dx$$

となり,

$$\frac{1}{2}y^2 = -\frac{1}{2}x^2 + C$$

となる. したがって, 一般解

$$x^2 + y^2 = 2C$$

を得る．いま，初期条件 $y(0) = 1$ より，$C = \dfrac{1}{2}$ となるので，

$$x^2 + y^2 = 1$$

が求める特殊解である． □

注意 4.2 1 階常微分方程式の解曲線は，一般には「曲線群」（定数 C の動く範囲だけ不定）を表す．初期条件を与えることによって，1 つの曲線に決まる． ◇

4.2.2 1 階線形常微分方程式の解法

> **Point 4.2（1 階線形常微分方程式）**
> $P(x)$, $Q(x)$ を与えられた関数とする．このとき，
>
> $$y' + P(x)y = Q(x) \tag{4.2.1}$$
>
> の形の 1 階常微分方程式を **1 階線形常微分方程式**という．この方程式の一般解は，
>
> $$y = \left(\int Q(x)e^{\int P(x)dx}dx + C \right)e^{-\int P(x)dx} \tag{4.2.2}$$
>
> となる．

注意 4.3 (4.2.1) 式において，$Q(x) \equiv 0$ のとき斉次方程式であるといい，そうでないとき非斉次方程式であるという． ◇

証明 方程式 (4.2.1) の両辺に $e^{\int P(x)dx}$ を掛けると，

$$y'e^{\int P(x)dx} + P(x)ye^{\int P(x)dx} = Q(x)e^{\int P(x)dx}$$

となり，

$$\frac{d}{dx}\left(ye^{\int P(x)dx} \right) = Q(x)e^{\int P(x)dx}$$

となるので，両辺を x について積分すると，

$$ye^{\int P(x)dx} = \int Q(x)e^{\int P(x)dx}\,dx + C$$

を得る. よって,

$$y = \left(\int Q(x) e^{\int P(x)dx} \, dx + C \right) e^{-\int P(x)dx}$$

となる. □

注意 4.4 1 階線形常微分方程式 (4.2.1) の一般解 (4.2.2) は, 次の方法でも求めることができる. まずは, 斉次方程式 $y' + P(x)y = 0$ の一般解を求める. この方程式は変数分離形なので,

$$\frac{1}{y}\frac{dy}{dx} = -P(x)$$

と式変形する. この両辺を x について積分すると,

$$\int \frac{1}{y} \, dy = - \int P(x) \, dx$$

となり,

$$\log |y| = - \int P(x) \, dx + C$$

となる. したがって, 一般解

$$y = C_1 e^{-\int P(x)dx} \tag{4.2.3}$$

を得る. そこで,

$$y = C_1(x) e^{-\int P(x)dx} \tag{4.2.4}$$

が (4.2.1) の解となるように $C_1(x)$ を決定する. (4.2.4) の両辺を x について微分すると,

$$y' = C_1'(x) e^{-\int P(x)dx} - C_1(x) P(x) e^{-\int P(x)dx} \tag{4.2.5}$$

となるので, (4.2.4), (4.2.5) を (4.2.1) に代入すると,

$$C_1'(x) e^{-\int P(x)dx} - C_1(x) P(x) e^{-\int P(x)dx} + P(x) C_1(x) e^{-\int P(x)dx} = Q(x)$$

となり, これを整理すると,

$$C_1'(x) = Q(x) e^{\int P(x)dx}$$

を得る．したがって，

$$C_1(x) = \int Q(x)e^{\int P(x)dx}dx + C_2$$

となるので，(4.2.4) より，求める一般解は，

$$y = \left(\int Q(x)e^{\int P(x)dx}\,dx + C_2 \right)e^{-\int P(x)dx}$$

である．

　上記証明内では，(4.2.3) で求めた斉次方程式の解の任意定数 C_1 を x の関数 $C_1(x)$ と考え，もとの非斉次方程式を満たすように $C_1(x)$ を決定した．このような手法を**定数変化法**という．　　　　　　　　　　　　　　　　　$\diamondsuit$

例題 4.2 (1 階線形)

1 階線形常微分方程式

$$y' - \frac{y}{x} = 2\log x \quad (x > 0) \tag{4.2.6}$$

の一般解を求めよ．

解　(解の公式を用いた解法) $P(x) = -\dfrac{1}{x}$, $Q(x) = 2\log x$ とおく．このとき，

$$\int P(x)\,dx = -\int \frac{1}{x}\,dx = -\log x \tag{4.2.7}$$

である．そのうえ，

$$\int Q(x)e^{\int P(x)dx}\,dx = \int (2\log x)e^{-\log x}\,dx$$

$$= 2\int \frac{\log x}{x}\,dx$$

となる．ここで，$t = \log x$ とおくと，$\dfrac{dx}{x} = dt$ となるので，

$$\int Q(x)e^{\int P(x)dx}\,dx = 2\int t\,dt = t^2 = (\log x)^2 \tag{4.2.8}$$

となる．よって，求める一般解 y は，(4.2.7), (4.2.8) より，

$$y = \left(\int Q(x) e^{\int P(x)dx} \, dx + C \right) e^{-\int P(x)dx}$$

$$= \{(\log x)^2 + C\} e^{\log x} = \{(\log x)^2 + C\} x$$

である．

（定数変化法を用いた解法）まず，斉次方程式

$$y' - \frac{y}{x} = 0 \tag{4.2.9}$$

の一般解を求める．この方程式は変数分離形になるので，

$$\frac{1}{y} \frac{dy}{dx} = \frac{1}{x}$$

と式変形する．この両辺を x について積分すると，

$$\int \frac{1}{y} \, dy = \int \frac{1}{x} \, dx$$

となる．したがって，

$$\log|y| = \log x + C$$

となり，

$$\log|y| - \log x = C$$

となるので，

$$\log \frac{|y|}{x} = C$$

を得る．したがって，斉次方程式 (4.2.9) の一般解は

$$y = C_1 x$$

となる．そこで，

$$y = C_1(x) x \tag{4.2.10}$$

が (4.2.6) の解となるように $C_1(x)$ を決定する．(4.2.10) の両辺を x について微分すると，

$$y' = C_1'(x) x + C_1(x) \tag{4.2.11}$$

となるので，(4.2.10) と (4.2.11) を与えられた微分方程式 (4.2.6) に代入すると，

$$C_1'(x)x + C_1(x) - \frac{C_1(x)}{x} \cdot x = 2\log x$$

となり，これを整理すると，

$$C_1'(x) = \frac{2\log x}{x}$$

を得る．この両辺を x について積分すると，

$$C_1(x) = 2\int \frac{\log x}{x}\, dx$$

となる．ここで，積分 $\int \dfrac{\log x}{x}\, dx$ に対し，$t = \log x$ とおくと，$\dfrac{dx}{x} = dt$ となるので，

$$\int \frac{\log x}{x}\, dx = \int t\, dt = \frac{1}{2}t^2 + C = \frac{1}{2}(\log x)^2 + C$$

となる．したがって，

$$C_1(x) = (\log x)^2 + 2C$$

を得るので，(4.2.10) より，

$$y = \left\{(\log x)^2 + C_2\right\}x$$

となる． □

4.2.3 ベルヌーイ型微分方程式

Point 4.3（ベルヌーイ型微分方程式）
$P(x)$, $Q(x)$ を与えられた関数とし，n を $0,1$ 以外の整数とする．このとき，

$$y' + P(x)y = Q(x)y^n \tag{4.2.12}$$

の形の 1 階常微分方程式を**ベルヌーイ型微分方程式**という．この方程式は $z = y^{1-n}$ とおくと，z の 1 階線形常微分方程式になる．

注意 4.5 (4.2.12) において $n = 0$ のときは 1 階線形常微分方程式であり，$n = 1$ のときは変数分離形となる． ◇

実際，$z = y^{1-n}$ とおくと $z' = (1-n)y^{-n}y'$ となるので，(4.2.12) の両辺を y^n で割ってこれらを代入すると，

$$\frac{1}{1-n}z' + P(x)z = Q(x)$$

となる．これより，z についての 1 階線形常微分方程式

$$z' + (1-n)P(x)z = (1-n)Q(x) \tag{4.2.13}$$

が得られる．ここで Point 4.2 により，z の微分方程式 (4.2.13) の一般解は

$$z = \left((1-n)\int Q(x)e^{(1-n)\int P(x)dx}\,dx + C\right)e^{-(1-n)\int P(x)dx}$$

となるので，求める一般解は

$$\left\{\left((1-n)\int Q(x)e^{(1-n)\int P(x)dx}\,dx + C\right)e^{-(1-n)\int P(x)dx}\right\}y^{n-1} = 1 \tag{4.2.14}$$

である．

注意 4.6 ベルヌーイ型微分方程式 (4.2.12) の一般解 (4.2.14) は，1 階線形常微分方程式の一般解を求めたときのように，次の方法でも求めることができる．まず (4.2.12) の両辺に $e^{\int P(x)dx}$ を掛けると，

$$e^{\int P(x)dx}(y' + P(x)y) = e^{\int P(x)dx}Q(x)y^n$$

となり，

$$\frac{d}{dx}\left(e^{\int P(x)dx}y\right) = e^{\int P(x)dx}Q(x)y^n \tag{4.2.15}$$

と変形できる．ここで $w = e^{\int P(x)dx}y$ とおくと，$y^n = e^{-n\int P(x)dx}w^n$ となるので，(4.2.15) は

$$\frac{dw}{dx} = Q(x)e^{(1-n)\int P(x)dx}w^n$$

となる．これは変数分離形なので解くことができる． ◇

例題 4.3 (ベルヌーイ型微分方程式)
微分方程式

$$y' + y = xy^3 \tag{4.2.16}$$

の一般解を求めよ.

解 まず, $z = y^{1-3} = y^{-2}$ とおくと, $z' = -2y^{-3}y'$ となる. そこで, (4.2.16) の両辺を y^3 で割ってこれらをに代入すると,

$$-\frac{1}{2}z' + z = x$$

となり, z についての1階線形常微分方程式

$$z' - 2z = -2x \tag{4.2.17}$$

が得られる. ここで, $p(x) = -2$ とおくと,

$$\int p(x) \, dx = -2 \int \, dx = -2x$$

となる. また, $q(x) = -2x$ とおくと

$$
\begin{aligned}
\int q(x)e^{\int p(x)dx} \, dx &= \int (-2x)e^{-2x} \, dx \\
&= -2 \int xe^{-2x} \, dx \\
&= -2\left\{ -\frac{1}{2}xe^{-2x} - \frac{1}{4}e^{-2x} \right\} \\
&= xe^{-2x} + \frac{1}{2}e^{-2x}
\end{aligned}
$$

を得るので, (4.2.17) の一般解は,

$$
\begin{aligned}
z &= \left(\int q(x)e^{\int p(x)dx} \, dx + C \right)e^{-\int p(x)dx} \\
&= \left(xe^{-2x} + \frac{1}{2}e^{-2x} + C \right)e^{2x} \\
&= x + \frac{1}{2} + Ce^{2x}
\end{aligned}
$$

となる. よって, 求める一般解は,

$$\left(x + \frac{1}{2} + Ce^{2x}\right)y^2 = 1$$

である. □

4.3　2 階線形常微分方程式

本節では線形の 2 階常微分方程式に対し, その解を求める方法を学ぶ.

4.3.1　定数係数 2 階線形常微分方程式

与えられた関数 $P(x)$, $Q(x)$, $R(x)$ に対し,

$$y'' + P(x)y' + Q(x)y = R(x) \tag{4.3.1}$$

の形の常微分方程式を **2 階線形常微分方程式**という. 特に $R(x) \not\equiv 0$ であるとき, (4.3.1) を非斉次方程式という. 一方, $R(x) \equiv 0$ であるときの (4.3.1), つまり,

$$y'' + P(x)y' + Q(x)y = 0 \tag{4.3.2}$$

を斉次方程式という.

> **Point 4.4（重ね合わせの原理）**
> y_1 と y_2 が 2 階線形斉次常微分方程式 (4.3.2) の解であれば, 任意の定数 c_1, c_2 に対して,
> $$y = c_1 y_1 + c_2 y_2$$
> も (4.3.2) の解である. このような性質を**重ね合わせの原理**という.

証明 y_1 と y_2 は (4.3.2) の解なので,

$$y_1'' + P(x)y_1' + Q(x)y_1 = 0$$
$$y_2'' + P(x)y_2' + Q(x)y_2 = 0$$

となる. よって,

$$
\begin{aligned}
y'' &+ P(x)y' + Q(x)y \\
&= (c_1 y_1 + c_2 y_2)'' + P(x)(c_1 y_1 + c_2 y_2)' + Q(x)(c_1 y_1 + c_2 y_2) \\
&= c_1\{y_1'' + P(x)y_1' + Q(x)y_1\} + c_2\{y_2'' + P(x)y_2' + Q(x)y_2\} \\
&= 0
\end{aligned}
$$

となるので, $y = c_1 y_1 + c_2 y_2$ も (4.3.2) の解である. □

2つの関数 $u_1(x)$ と $u_2(x)$ が次の条件を満たすとき, $u_1(x)$ と $u_2(x)$ は1次独立であるという.

「定数 c_1, c_2 について, $c_1 u_1(x) + c_2 u_2(x) = 0$ が恒等的に成り立つならば, $c_1 = c_2 = 0$ となる.」

簡単にいうと, どんな定数 c に対しても $u_1(x) = cu_2(x)$ とならないときが1次独立である. 逆に, $u_1(x) = cu_2(x)$ となる定数 c が存在するとき, $u_1(x)$ と $u_2(x)$ は1次従属であるという. 2つの関数が1次独立か1次従属かを判定するために, 次のロンスキアン (ロンスキー行列式) を用いると便利である.

Point 4.5 (ロンスキアン)

y_1, y_2 を (4.3.2) の解とするとき, 関数行列式

$$
W(y_1, y_2) = \begin{vmatrix} y_1 & y_2 \\ y_1' & y_2' \end{vmatrix}
$$

を**ロンスキアン**といい, 次が成立する.

1. 恒等的に $W(y_1, y_2) \neq 0$ ならば y_1 と y_2 は1次独立である.
2. 恒等的に $W(y_1, y_2) = 0$ ならば y_1 と y_2 は1次従属である.

証明 1. のみ示す. そのためには 1. の対偶

$$
y_1 と y_2 が1次従属ならば恒等的に W(y_1, y_2) = 0
$$

が成り立つことを示せばよい. いま, y_1 と y_2 が1次従属ならば, $y_1 = cy_2$ とな

る定数 c が存在する．したがって，$y_1' = cy_2'$ となるため，

$$W(y_1, y_2) = \begin{vmatrix} y_1 & y_2 \\ y_1' & y_2' \end{vmatrix} = y_1 y_2' - y_2 y_1'$$
$$= (cy_2)y_2' - y_2(cy_2')$$
$$= 0$$

が得られる． □

Ex 1 $y_1 = e^{\alpha x}$, $y_2 = e^{\beta x}$ とする．ただし，$\alpha \neq \beta$ とする．このとき，$y_1' = \alpha e^{\alpha x}$, $y_2' = \beta e^{\beta x}$ より，

$$W(y_1, y_2) = \begin{vmatrix} y_1 & y_2 \\ y_1' & y_2' \end{vmatrix} = \begin{vmatrix} e^{\alpha x} & e^{\beta x} \\ \alpha e^{\alpha x} & \beta e^{\beta x} \end{vmatrix}$$
$$= \beta e^{(\alpha+\beta)x} - \alpha e^{(\alpha+\beta)x} = (\beta - \alpha)e^{(\alpha+\beta)x} \neq 0$$

となる．よって，$y_1 = e^{\alpha x}$ と $y_2 = e^{\beta x}$ は 1 次独立である． ◇

Ex 2 $y_1 = e^{\alpha x}$, $y_2 = xe^{\alpha x}$ とする．このとき，$y_1' = \alpha e^{\alpha x}$, $y_2' = (1 + \alpha x)e^{\alpha x}$ より，

$$W(y_1, y_2) = \begin{vmatrix} y_1 & y_2 \\ y_1' & y_2' \end{vmatrix} = \begin{vmatrix} e^{\alpha x} & xe^{\alpha x} \\ \alpha e^{\alpha x} & (1 + \alpha x)e^{\alpha x} \end{vmatrix}$$
$$= (1 + \alpha x)e^{2\alpha x} - \alpha xe^{2\alpha x} = e^{2\alpha x} \neq 0$$

となる．よって，$y_1 = e^{\alpha x}$ と $y_2 = xe^{\alpha x}$ は 1 次独立である． ◇

2 階線形斉次常微分方程式については，次のことが知られている．

Point 4.6（2 階線形斉次常微分方程式の一般解）

2 階線形斉次常微分方程式 (4.3.2) の解 y_1 と y_2 が 1 次独立であるとき，(4.3.2) の一般解は，

$$y = C_1 y_1 + C_2 y_2$$

で表される．ただし，C_1, C_2 は任意定数である．

4.3.2　定数係数 2 階線形斉次常微分方程式の解法

定数係数 2 階線形斉次常微分方程式

$$y'' + py' + qy = 0 \tag{4.3.3}$$

を考える．ただし，p, q は定数である．1 階線形斉次常微分方程式の解の形を踏まえて（(4.2.3) 式参照），$y = e^{\lambda x}$ という形で方程式 (4.3.3) の特殊解を求める．このとき，$y' = \lambda e^{\lambda x}, y'' = \lambda^2 e^{\lambda x}$ となるので，これらを (4.3.3) に代入すると，

$$(\lambda^2 + p\lambda + q)e^{\lambda x} = 0$$

となる．よって，

$$\lambda^2 + p\lambda + q = 0 \tag{4.3.4}$$

を満たす λ に対して，$y = e^{\lambda x}$ は (4.3.3) の特殊解になることがわかる．そこで，2 次方程式 (4.3.4) の判別式を $D = p^2 - 4q$ としたとき，

$$\text{(i) } D > 0 \quad \text{(ii) } D = 0 \quad \text{(iii) } D < 0$$

の 3 つの場合に分け，(4.3.3) の一般解がどのように表されるのかを見ていく．なお，(4.3.4) を (4.3.3) の**特性方程式**と呼ぶ．

(i) $D = p^2 - 4q > 0$ のとき，つまり，2 次方程式 (4.3.4) が異なる 2 つの実数解 $\lambda = \alpha, \beta$ $(\alpha \neq \beta)$ を持つときを考える．このとき，$y_1 = e^{\alpha x}, y_2 = e^{\beta x}$ $(\alpha \neq \beta)$ は (4.3.3) の特殊解となり，この 2 つの関数 y_1, y_2 は 1 次独立である（Ex 1 より）．したがって Point 4.6 より，(4.3.3) の一般解 y は

$$y = C_1 e^{\alpha x} + C_2 e^{\beta x}$$

となる．

(ii) $D = p^2 - 4q = 0$ のとき，つまり，2 次方程式 (4.3.4) が重解 $\lambda = \alpha$ を持つときを考える．このとき，$y_1 = e^{\alpha x}$ は (4.3.3) の特殊解となる．また，$y_2 = xe^{\alpha x}$ とおくと，y_2 は (4.3.3) を満たすことがわかり，かつ，y_1 と y_2 は 1 次独立である（Ex 2 より）．したがって Point 4.6 より，(4.3.3) の一般解 y は

$$y = C_1 e^{\alpha x} + C_2 x e^{\alpha x}$$

となる.

(iii) $D = p^2 - 4q < 0$ のとき, つまり, 2 次方程式 (4.3.4) が虚数解 $\lambda = a \pm bi$ (a, b は実数, $b \neq 0$) を持つときを考える. このとき, オイラーの公式より, $y_1 = e^{(a+ib)x} = e^{ax}(\cos bx + i \sin bx)$, $y_2 = e^{(a-ib)x} = e^{ax}(\cos bx - i \sin bx)$ は (4.3.3) の特殊解となる. したがって Point 4.4 より,

$$\tilde{y}_1 = \frac{1}{2}y_1 + \frac{1}{2}y_2 = e^{ax}\cos bx, \quad \tilde{y}_2 = \frac{1}{2i}y_1 - \frac{1}{2i}y_2 = e^{ax}\sin bx$$

もそれぞれ (4.3.3) の特殊解となる. そのうえ, $\tilde{y}_1$ と $\tilde{y}_2$ は 1 次独立になる (ロンスキアンを各自確認せよ). したがって Point 4.6 より, (4.3.3) の一般解 y は

$$y = C_1\tilde{y}_1 + C_2\tilde{y}_2 = C_1 e^{ax}\cos bx + C_2 e^{ax}\sin bx$$

となる.

　以上, まとめると次のようになる.

Point 4.7（定数係数 2 階線形斉次常微分方程式の一般解）

定数係数 2 階線形斉次常微分方程式

$$y'' + py' + qy = 0 \quad (p, q : 定数)$$

の一般解は, 特性方程式
$$\lambda^2 + p\lambda + q = 0$$

の判別式 $D = p^2 - 4q$ の値によって, 次のように場合分けされる.

(i) $D > 0$ $(\lambda = \alpha, \beta, \alpha \neq \beta)$ のとき, $y = C_1 e^{\alpha x} + C_2 e^{\beta x}$

(ii) $D = 0$ $(\lambda = \alpha)$ のとき, $y = (C_1 x + C_2)e^{\alpha x}$

(iii) $D < 0$ $(\lambda = a \pm bi, b \neq 0)$ のとき, $y = C_1 e^{ax}\cos bx + C_2 e^{ax}\sin bx$

ただし, α, β, a, b は実数であり, C_1 と C_2 は任意定数である.

例題 4.4（定数係数 2 階線形斉次常微分方程式の一般解）

次の微分方程式の一般解を求めよ.

(1) $y'' - 3y = 0$

(2) $y'' - 2y' + y = 0$

(3) $y'' + 2y' + 3y = 0$

解 (1) 特性方程式 $\lambda^2 - 3 = 0$ を解くと，$\lambda = \pm\sqrt{3}$ なので，求める一般解は，

$$y = C_1 e^{\sqrt{3}x} + C_2 e^{-\sqrt{3}x}$$

である．

(2) 特性方程式 $\lambda^2 - 2\lambda + 1 = 0$ を解くと，$\lambda = 1$（重解）なので，求める一般解は，

$$y = (C_1 x + C_2)e^x$$

である．

(3) 特性方程式 $\lambda^2 + 2\lambda + 3 = 0$ を解くと，$\lambda = -1 \pm \sqrt{2}i$ なので，求める一般解は，

$$y = C_1 e^{-x}\cos\sqrt{2}x + C_2 e^{-x}\sin\sqrt{2}x$$

である． □

4.3.3　定数係数 2 階線形非斉次常微分方程式の解法

定数係数 2 階線形非斉次常微分方程式

$$y'' + py' + qy = R(x) \quad (p, q \text{ は定数}) \tag{4.3.5}$$

の一般解を求めるためには，その 1 つの特殊解を見つけることが重要である．ここでは，非斉次方程式 (4.3.5) の解の見つけ方を 2 通り（I. 定数変化法，II. 未定係数法）紹介する．

I. 定数変化法

まず，y_1, y_2 を (4.3.5) の斉次方程式である (4.3.3) の 1 次独立な解とする．つまり，y_1, y_2 は，

$$y_1'' + py_1' + qy_1 = 0, \quad y_2'' + py_2' + qy_2 = 0 \tag{4.3.6}$$

を満たすとする．このとき，$y = C_1 y_1 + C_2 y_2$ が (4.3.3) の一般解となる．いま，C_1, C_2 をそれぞれ x の関数 $C_1(x), C_2(x)$ に置き換えた

$$y = C_1(x)y_1 + C_2(x)y_2 \tag{4.3.7}$$

が (4.3.5) の解となるように，$C_1(x)$ と $C_2(x)$ を決定していく．(4.3.7) の両辺を x で微分すると，

$$y' = C_1'(x)y_1 + C_1(x)y_1' + C_2'(x)y_2 + C_2(x)y_2'$$
$$= C_1(x)y_1' + C_2(x)y_2' + C_1'(x)y_1 + C_2'(x)y_2 \tag{4.3.8}$$

となる．ここで，

$$C_1'(x)y_1 + C_2'(x)y_2 = 0 \tag{4.3.9}$$

と仮定すると，(4.3.8) より，

$$y' = C_1(x)y_1' + C_2(x)y_2' \tag{4.3.10}$$

となる．この両辺をさらに x について微分すると，

$$y'' = C_1'(x)y_1' + C_1(x)y_1'' + C_2'(x)y_2' + C_2(x)y_2'' \tag{4.3.11}$$

を得る．(4.3.7), (4.3.10), (4.3.11) を (4.3.5) に代入すると，

$$C_1'(x)y_1' + C_1(x)y_1'' + C_2'(x)y_2' + C_2(x)y_2''$$
$$+ p\{C_1(x)y_1' + C_2(x)y_2'\} + q\{C_1(x)y_1 + C_2(x)y_2\} = R(x)$$

となる．これを整理すると

$$C_1(x)(y_1'' + py_1' + qy_1) + C_2(x)(y_2'' + py_2' + qy_2)$$
$$+ C_1'(x)y_1' + C_2'(x)y_2' = R(x)$$

となるため，(4.3.6) により

$$C_1'(x)y_1' + C_2'(x)y_2' = R(x)$$

を得る．これと条件 (4.3.9) が両立するように $C_1(x)$ と $C_2(x)$ を決定したい．つまり，連立方程式

$$\begin{cases} C_1'(x)y_1 + C_2'(x)y_2 = 0 \\ C_1'(x)y_1' + C_2'(x)y_2' = R(x) \end{cases}$$

を満たす $C_1(x)$ と $C_2(x)$ を決定する．この連立方程式を行列を用いて表すと，

$$\begin{pmatrix} y_1 & y_2 \\ y_1' & y_2' \end{pmatrix} \begin{pmatrix} C_1'(x) \\ C_2'(x) \end{pmatrix} = \begin{pmatrix} 0 \\ R(x) \end{pmatrix}$$

となる．いま，y_1, y_2 は 1 次独立なので、ロンスキアン $W(y_1, y_2)$ は，

$$W(y_1, y_2) = \begin{vmatrix} y_1 & y_2 \\ y_1' & y_2' \end{vmatrix} \neq 0$$

を満たす．よって，この連立方程式の解は

$$C_1'(x) = -\frac{y_2 R(x)}{W(y_1, y_2)}, \quad C_2'(x) = \frac{y_1 R(x)}{W(y_1, y_2)}$$

となるので，

$$C_1(x) = -\int \frac{y_2 R(x)}{W(y_1, y_2)}\,dx + C_3, \quad C_2(x) = \int \frac{y_1 R(x)}{W(y_1, y_2)}\,dx + C_4$$

を得る．したがって (4.3.7) より，(4.3.5) の一般解は

$$y = \left(-\int \frac{y_2 R(x)}{W(y_1, y_2)}\,dx + C_3 \right) y_1 + \left(\int \frac{y_1 R(x)}{W(y_1, y_2)}\,dx + C_4 \right) y_2$$

$$= -y_1 \int \frac{y_2 R(x)}{W(y_1, y_2)}\,dx + y_2 \int \frac{y_1 R(x)}{W(y_1, y_2)}\,dx + C_3 y_1 + C_4 y_2$$

となる．

注意 4.7 上式において，

$$\tilde{y} = -y_1 \int \frac{y_2 R(x)}{W(y_1, y_2)}\,dx + y_2 \int \frac{y_1 R(x)}{W(y_1, y_2)}\,dx$$

とおくと，$\tilde{y}$ は (4.3.5) の特殊解となる．一方，$C_3 y_1 + C_4 y_2$ は (4.3.3) の一般解である． ◇

以上をまとめると，次のようになる．

Point 4.8（定数係数 2 階線形非斉次常微分方程式の一般解）
定数係数 2 階線形非斉次常微分方程式

$$y'' + py' + qy = R(x) \quad (p, q \text{ は定数})$$

の一般解は,

$$(y'' + py' + qy = R(x) \text{ の 1 つの特殊解}) + (y'' + py' + qy = 0 \text{ の一般解})$$

で表される. ここで, $y'' + py' + qy = R(x)$ の 1 つの特殊解 $\tilde{y}$ は,

$$\tilde{y} = -y_1 \int \frac{y_2 R(x)}{W(y_1, y_2)} \, dx + y_2 \int \frac{y_1 R(x)}{W(y_1, y_2)} \, dx$$

で与えられる. ただし, y_1, y_2 は $y'' + py' + qy = 0$ の 1 次独立な解である.

注意 4.8 Point 4.8 は変数係数の場合, つまり p, q が x の関数 $P(x), Q(x)$ の場合でも, 同様のことが成立する.   ◇

II. 未定係数法

与えられた微分方程式 (4.3.5) の $R(x)$ の形と特性方程式の解 $\lambda = \lambda_1, \lambda_2$ との関係から (4.3.5) の特殊解 $\tilde{y}$ の形を予想し, その係数を決定する方法を未定係数法という. 予想できる特殊解の形は以下の表を参照のこと.

$R(x)$	$\lambda = \lambda_1, \lambda_2$：特性方程式の解	$\tilde{y}$：予想する特殊解
n 次多項式	$\lambda_1 \neq 0, \lambda_2 \neq 0$	$A_n x^n + \cdots + A_1 x + A_0$
	$\lambda_1 = 0, \lambda_2 \neq 0$ または $\lambda_1 \neq 0, \lambda_2 = 0$	$x(A_n x^n + \cdots + A_1 x + A_0)$
	$\lambda_1 = \lambda_2 = 0$（重解）	$x^2(A_n x^n + \cdots + A_1 x + A_0)$
$ke^{\alpha x}$	$\lambda_1 \neq \alpha, \lambda_2 \neq \alpha$	$Ae^{\alpha x}$
	$\lambda_1 = \alpha, \lambda_2 \neq \alpha$ または $\lambda_1 \neq \alpha, \lambda_2 = \alpha$	$Axe^{\alpha x}$
	$\lambda_1 = \lambda_2 = \alpha$（重解）	$Ax^2 e^{\alpha x}$
$kx^n e^{\alpha x}$	$\lambda_1 \neq \alpha, \lambda_2 \neq \alpha$	$e^{\alpha x}(A_n x^n + \cdots + A_1 x + A_0)$
	$\lambda_1 = \alpha, \lambda_2 \neq \alpha$ または $\lambda_1 \neq \alpha, \lambda_2 = \alpha$	$xe^{\alpha x}(A_n x^n + \cdots + A_1 x + A_0)$
	$\lambda_1 = \lambda_2 = \alpha$（重解）	$x^2 e^{\alpha x}(A_n x^n + \cdots + A_1 x + A_0)$

$k \cos \beta x$	$(\lambda_1, \lambda_2) \neq (i\beta, -i\beta),$ $(\lambda_1, \lambda_2) \neq (-i\beta, i\beta)$	$A \cos \beta x + B \sin \beta x$
$(k \sin \beta x)$	$(\lambda_1, \lambda_2) = (i\beta, -i\beta)$ または $(\lambda_1, \lambda_2) = (-i\beta, i\beta)$	$x(A \cos \beta x + B \sin \beta x)$
$ke^{\alpha x} \cos \beta x$	$(\lambda_1, \lambda_2) \neq (\alpha + i\beta, \alpha - i\beta),$ $(\lambda_1, \lambda_2) \neq (\alpha - i\beta, \alpha + i\beta)$	$e^{\alpha x}(A \cos \beta x + B \sin \beta x)$
$(ke^{\alpha x} \sin \beta x)$	$(\lambda_1, \lambda_2) = (\alpha + i\beta, \alpha - i\beta)$ または $(\lambda_1, \lambda_2) = (\alpha - i\beta, \alpha + i\beta)$	$xe^{\alpha x}(A \cos \beta x + B \sin \beta x)$

注意 4.9 $R(x) = kx^n e^{\alpha x} \cos \beta x$ や $R(x) = kx^n e^{\alpha x} \sin \beta x$ などのときは，特殊解 $\tilde{y}$ はどのようになるか各自で考えてみよう． $\diamond$

例題 4.5 $(y'' + py' + qy = R(x))$

次の微分方程式の一般解を求めよ．

(1) $y'' - 5y' + 6y = e^x$

(2) $y'' + 4y = \cos 2x$

解 (1) 斉次方程式

$$y'' - 5y' + 6y = 0 \tag{4.3.12}$$

の特性方程式

$$\lambda^2 - 5\lambda + 6 = 0$$

を解くと，$\lambda = 2, 3$ より，(4.3.12) の一般解は，

$$y = C_1 e^{2x} + C_2 e^{3x} \tag{4.3.13}$$

となる．いま，$y_1 = e^{2x}, y_2 = e^{3x}$ とおくと，$y_1' = 2e^{2x}, y_2' = 3e^{3x}$ より，

$$W(y_1, y_2) = \begin{vmatrix} y_1 & y_2 \\ y_1' & y_2' \end{vmatrix} = \begin{vmatrix} e^{2x} & e^{3x} \\ 2e^{2x} & 3e^{3x} \end{vmatrix} = 3e^{5x} - 2e^{5x} = e^{5x} \neq 0$$

となる．また，$R(x) = e^x$ とおくと，

$$\int \frac{y_2 R(x)}{W(y_1, y_2)} \, dx = \int \frac{e^{3x} \cdot e^x}{e^{5x}} \, dx = \int e^{-x} \, dx = -e^{-x}$$

$$\int \frac{y_1 R(x)}{W(y_1, y_2)} \, dx = \int \frac{e^{2x} \cdot e^x}{e^{5x}} \, dx = \int e^{-2x} \, dx = -\frac{1}{2} e^{-x}$$

より，$y'' - 5y' + 6y = e^x$ の 1 つの特殊解

$$\tilde{y} = e^{-x} y_1 - \frac{1}{2} e^{-2x} y_2 = e^{-x} e^{2x} - \frac{1}{2} e^{-2x} e^{3x} = \frac{1}{2} e^x \tag{4.3.14}$$

が得られる．以上，(4.3.13) と (4.3.14) より，求める一般解 y は，

$$y = \frac{1}{2} e^x + C_1 e^{2x} + C_2 e^{3x}$$

である．

別解 未定係数法を用いる．斉次方程式

$$y'' - 5y' + 6y = 0 \tag{4.3.15}$$

の特性方程式

$$\lambda^2 - 5\lambda + 6 = 0$$

を解くと，$\lambda = 2, 3$ より，(4.3.15) の一般解は，

$$y = C_1 e^{2x} + C_2 e^{3x} \tag{4.3.16}$$

となる．また，与えられた非斉次方程式の 1 つの特殊解を

$$\tilde{y} = A e^x$$

と予想すると，

$$\tilde{y}' = A e^x, \ \tilde{y}'' = A e^x$$

より，与えられた非斉次方程式にこれらを代入すると，

$$A e^x - 5 A e^x + 6 A e^x = e^x$$

となる. よって, $A = \dfrac{1}{2}$ とわかるので,

$$\tilde{y} = \frac{1}{2}e^x \tag{4.3.17}$$

が 1 つの特殊解となる. したがって, (4.3.16) と (4.3.17) より, 求める一般解は

$$y = \frac{1}{2}e^x + C_1 e^{2x} + C_2 e^{3x}$$

である.

(2) 斉次方程式

$$y'' + 4y = 0 \tag{4.3.18}$$

の特性方程式

$$\lambda^2 + 4 = 0$$

を解くと, $\lambda = \pm 2i$ より, (4.3.18) の一般解は,

$$y = C_1 \cos 2x + C_2 \sin 2x \tag{4.3.19}$$

となる. いま, $y_1 = \cos 2x$, $y_2 = \sin 2x$ とおくと, $y_1' = -2\sin 2x$, $y_2' = 2\cos 2x$ より,

$$W(y_1, y_2) = \begin{vmatrix} y_1 & y_2 \\ y_1' & y_2' \end{vmatrix} = \begin{vmatrix} \cos 2x & \sin 2x \\ -2\sin 2x & 2\cos 2x \end{vmatrix} = 2(\cos^2 2x + \sin^2 2x) = 2 \neq 0$$

となる. また, $R(x) = \cos 2x$ とおくと,

$$\int \frac{y_2 R(x)}{W(y_1, y_2)}\,dx = \int \frac{\sin 2x \cos 2x}{2}\,dx = \frac{1}{4}\int \sin 4x\,dx = -\frac{1}{16}\cos 4x,$$

$$\int \frac{y_1 R(x)}{W(y_1, y_2)}\,dx = \int \frac{\cos^2 2x}{2}\,dx = \frac{1}{4}\int (1 + \cos 4x)\,dx = \frac{1}{4}\left(x + \frac{1}{4}\sin 4x\right)$$

より，$y'' + 4y = \cos 2x$ の 1 つの特殊解

$$\begin{aligned}
\tilde{y} &= \left(\frac{1}{16}\cos 4x\right) y_1 + \frac{1}{4}\left(x + \frac{1}{4}\sin 4x\right) y_2 \\
&= \frac{1}{16}\cos 4x \cos 2x + \frac{1}{4}\left(x + \frac{1}{4}\sin 4x\right)\sin 2x \\
&= \frac{1}{16}(\cos 4x \cos 2x + \sin 4x \sin 2x) + \frac{1}{4}x\sin 2x \\
&= \frac{1}{16}\cos(4x - 2x) + \frac{1}{4}x\sin 2x = \frac{1}{16}\cos 2x + \frac{1}{4}x\sin 2x \quad (4.3.20)
\end{aligned}$$

が得られる．以上，(4.3.19) と (4.3.20) より，求める一般解 y は，

$$\begin{aligned}
y &= \frac{1}{4}x\sin 2x + \frac{1}{16}\cos 2x + C_1\cos 2x + C_2\sin 2x \\
&= \frac{1}{4}x\sin 2x + C_3\cos 2x + C_2\sin 2x
\end{aligned}$$

である．

別解 未定係数法を用いる．斉次方程式

$$y'' + 4y = 0 \tag{4.3.21}$$

の特性方程式

$$\lambda^2 + 4 = 0$$

を解くと，$\lambda = \pm 2i$ より，(4.3.21) の一般解は，

$$y = C_1\cos 2x + C_2\sin 2x \tag{4.3.22}$$

となる．また，与えられた非斉次方程式の 1 つの特殊解を

$$\tilde{y} = x(A\cos 2x + B\sin 2x)$$

と予想すると，

$$\begin{aligned}
\tilde{y}' &= (A\cos 2x + B\sin 2x) + x(-2A\sin 2x + 2B\cos 2x), \\
\tilde{y}'' &= (-2A\sin 2x + 2B\cos 2x) + (-2A\sin 2x + 2B\cos 2x) \\
&\quad + x(-4A\cos 2x - 4B\sin 2x) \\
&= (-4A\sin 2x + 4B\cos 2x) + x(-4A\cos 2x - 4B\sin 2x)
\end{aligned}$$

より，与えられた非斉次方程式にこれらを代入すると，

$$(-4A\sin 2x + 4B\cos 2x) + x(-4A\cos 2x - 4B\sin 2x)$$
$$+ 4x(A\cos 2x + B\sin 2x) = \cos 2x$$

となる．これより
$$-4A\sin 2x + 4B\cos 2x = \cos 2x$$

が得られる．したがって，

$$A = 0,\ B = \frac{1}{4}$$

とわかるので，

$$\tilde{y} = \frac{1}{4}x\sin 2x \tag{4.3.23}$$

が1つの特殊解となる．よって，(4.3.22) と (4.3.23) より，求める一般解は

$$y = \frac{1}{4}x\sin 2x + C_1\cos 2x + C_2\sin 2x$$

である．　　　　　　　　　　　　　　　　　　　　　　　　　　　　□

4.3.4　オイラー型微分方程式

変数係数2階線形常微分方程式の中でも，

$$x^2 y'' + pxy' + qy = R(x) \quad (p, q\ \text{は定数}) \tag{4.3.24}$$

の形のものを**オイラー型微分方程式**という（注：一般には n 階の同様な形の微分方程式に対してオイラー型という）．オイラー型微分方程式は $x = e^t$ とおくことにより，定数係数線形常微分方程式に帰着することができるのが特徴である．以下では，そのことを実際に見てみる．そこで，(4.3.24) において $x = e^t$ とおき，この両辺を x について微分すると $1 = e^t\dfrac{dt}{dx}$，つまり $\dfrac{dt}{dx} = e^{-t}$ となるので，合成関数の微分の計算により，

$$\frac{dy}{dx} = \frac{dy}{dt}\frac{dt}{dx} = e^{-t}\frac{dy}{dt}$$

が得られる．さらに，

$$\frac{d^2y}{dx^2} = \frac{d}{dx}\left(\frac{dy}{dx}\right) = \frac{d}{dx}\left(e^{-t}\frac{dy}{dt}\right) = \frac{d}{dt}\left(e^{-t}\frac{dy}{dt}\right)\frac{dt}{dx}$$

$$= \left(-e^{-t}\frac{dy}{dt} + e^{-t}\frac{d^2y}{dt^2}\right)e^{-t} = e^{-2t}\left(\frac{d^2y}{dt^2} - \frac{dy}{dt}\right)$$

となるので，これらを (4.3.24) の左辺に代入すると，

$$x^2y'' + pxy' + qy = e^{2t}\left\{e^{-2t}\left(\frac{d^2y}{dt^2} - \frac{dy}{dt}\right)\right\} + pe^t\left(e^{-t}\frac{dy}{dt}\right) + qy$$

$$= \frac{d^2y}{dt^2} + (p-1)\frac{dy}{dt} + qy$$

となり，定数係数 2 階線形常微分方程式

$$\frac{d^2y}{dt^2} + (p-1)\frac{dy}{dt} + qy = R(e^t) \tag{4.3.25}$$

が導かれる．よって (4.3.25) を解き，最後に y を x の関数に戻せば，(4.3.24) の一般解が求まる．

例題 4.6 (オイラー型微分方程式)

微分方程式

$$x^2y'' + 3xy' - 3y = x^3 \tag{4.3.26}$$

について，次の問に答えよ．

(1) 変数変換 $x = e^t$ によって，(4.3.26) を定数係数 2 階線形常微分方程式に変形せよ．

(2) (1) で得られた定数係数 2 階線形常微分方程式を解くことで，(4.3.26) の一般解を求めよ．

解 (1) $x = e^t$ とおき，この両辺を x で微分すると，$1 = e^t\dfrac{dt}{dx}$，つまり，$\dfrac{dt}{dx} = e^{-t}$ となるので，合成関数の微分の計算により，

$$\frac{dy}{dx} = \frac{dy}{dt}\frac{dt}{dx} = e^{-t}\frac{dy}{dt}, \quad \frac{d^2y}{dx^2} = e^{-2t}\left(\frac{d^2y}{dt^2} - \frac{dy}{dt}\right)$$

となる. これらを (4.3.26) に代入すると

$$e^{2t} \cdot e^{-2t}\left(\frac{d^2y}{dt^2} - \frac{dy}{dt}\right) + 3e^t \cdot \left(e^{-t}\frac{dy}{dt}\right) - 3y = e^{3t}$$

となり,

$$\frac{d^2y}{dt^2} + 2\frac{dy}{dt} - 3y = e^{3t} \tag{4.3.27}$$

を得る.

(2) 微分方程式 (4.3.27) を解く. 斉次方程式

$$\frac{d^2y}{dt^2} + 2\frac{dy}{dt} - 3y = 0 \tag{4.3.28}$$

の特性方程式

$$\lambda^2 + 2\lambda - 3 = 0$$

を解くと $\lambda = -3, 1$ となるので, (4.3.28) の一般解は,

$$y = C_1 e^{-3t} + C_2 e^t \tag{4.3.29}$$

となる. いま, $y_1 = e^{-3t}$, $y_2 = e^t$ とおくとき, $\frac{dy_1}{dt} = -3e^{-3t}$, $\frac{dy_2}{dt} = e^t$ となるので,

$$W(y_1, y_2) = \begin{vmatrix} y_1 & y_2 \\ \dfrac{dy_1}{dt} & \dfrac{dy_2}{dt} \end{vmatrix} = \begin{vmatrix} e^{-3t} & e^t \\ -3e^{-3t} & e^t \end{vmatrix} = e^{-2t} + 3e^{-2t} = 4e^{-2t} \neq 0$$

となる. そこで, $R(t) = e^{3t}$ とおくと,

$$\int \frac{y_2 R(t)}{W(y_1, y_2)}\, dt = \int \frac{e^t \cdot e^{3t}}{4e^{-2t}}\, dt = \frac{1}{4}\int e^{6t}\, dt = \frac{1}{24}e^{6t},$$

$$\int \frac{y_1 R(t)}{W(y_1, y_2)}\, dt = \int \frac{e^{-3t} \cdot e^{3t}}{4e^{-2t}}\, dt = \frac{1}{4}\int e^{2t}\, dt = \frac{1}{8}e^{2t}$$

を得る. 以上より,

$$\tilde{y} = -y_1 \int \frac{y_2 R(t)}{W(y_1, y_2)} \, dt + y_2 \int \frac{y_1 R(t)}{W(y_1, y_2)} \, dt$$

$$= -\frac{1}{24} e^{6t} \cdot e^{-3t} + \frac{1}{8} e^{2t} \cdot e^t = \frac{1}{12} e^{3t} \tag{4.3.30}$$

は (4.3.27) の特殊解となるので, (4.3.29) と (4.3.30) より, (4.3.27) の一般解は,

$$y = \frac{1}{12} e^{3t} + C_1 e^{-3t} + C_2 e^t$$

である. いま, $x = e^t$ より (4.3.26) の一般解は,

$$y = \frac{x^3}{12} + \frac{C_1}{x^3} + C_2 x$$

となる.   □

4.4　ラプラス変換を用いた解法

　本節では線形の 1 階常微分方程式および連立常微分方程式に対し, ラプラス変換を用いて初期値問題の解を求める方法を学ぶ. また, ラプラス変換を用いた積分方程式の解法例も紹介する.

4.4.1　ラプラス変換と常微分方程式

> **例題 4.7 (ラプラス変換と常微分方程式)**
> 常微分方程式の初期値問題
> $$\begin{cases} y''(t) + 4y(t) = \sin t, \\ y(0) = y'(0) = 0 \end{cases}$$
> をラプラス変換を用いて解け.

解 $Y(s) = \mathcal{L}[y](s)$ とおく. このとき, 与えられた微分方程式の両辺をラプラス変換した式

$$\mathcal{L}[y''(t) + 4y(t)](s) = \mathcal{L}[\sin t](s)$$

を整理すると，

$$s^2 Y(s) - sy(0) - y'(0) + 4Y(s) = \frac{1}{s^2 + 1}$$

となる．これより

$$(s^2 + 4)Y(s) = \frac{1}{s^2 + 1} + sy(0) + y'(0)$$

となるが，初期条件 $y(0) = y'(0) = 0$ より，

$$(s^2 + 4)Y(s) = \frac{1}{s^2 + 1}$$

を得る．よって，部分分数分解をすることにより，

$$Y(s) = \frac{1}{(s^2 + 1)(s^2 + 4)} = \frac{1}{3}\left(\frac{1}{s^2 + 1} - \frac{1}{s^2 + 4}\right)$$

となるので，この両辺にラプラス逆変換を適用すると，

$$
\begin{aligned}
y(t) &= \mathcal{L}^{-1}\left[\frac{1}{3}\left(\frac{1}{s^2 + 1} - \frac{1}{s^2 + 4}\right)\right](t) \\
&= \frac{1}{3}\mathcal{L}^{-1}\left[\frac{1}{s^2 + 1}\right](t) - \frac{1}{6}\mathcal{L}^{-1}\left[\frac{2}{s^2 + 4}\right](t) \\
&= \frac{1}{3}\sin t - \frac{1}{6}\sin 2t
\end{aligned}
$$

となる．よって，

$$y(t) = \frac{1}{3}\sin t - \frac{1}{6}\sin 2t$$

が求める解である． □

4.4.2 ラプラス変換と連立微分方程式

例題 **4.8** (ラプラス変換と連立微分方程式)
定数係数線形連立常微分方程式の初期値問題

$$
\begin{cases}
x'(t) + y'(t) + x(t) + y(t) = 1, \\
y'(t) - 2x(t) - y(t) = 0, \\
x(0) = 0,\ y(0) = 1
\end{cases}
$$

を解け．

解 $X(s) = \mathcal{L}[x](s)$, $Y(s) = \mathcal{L}[y](s)$ とおく．このとき，与えられた常微分方程式の第 1 式の両辺をラプラス変換した式

$$\mathcal{L}[x'(t) + y'(t) + x(t) + y(t)](s) = \mathcal{L}[1](s)$$

を整理すると，

$$sX(s) - x(0) + sY(s) - y(0) + X(s) + Y(s) = \frac{1}{s}$$

となり，

$$(s + 1)X(s) + (s + 1)Y(s) = \frac{1}{s} + x(0) + y(0) \tag{4.4.1}$$

が得られる．同様に，与えられた常微分方程式の第 2 式の両辺をラプラス変換した式

$$\mathcal{L}[y'(t) - 2x(t) - y(t)](s) = 0$$

を整理すると，

$$sY(s) - y(0) - 2X(s) - Y(s) = 0$$

となり，

$$(s - 1)Y(s) - 2X(s) = y(0) \tag{4.4.2}$$

が得られる．いま，初期条件 $x(0) = 0$, $y(0) = 1$ より，(4.4.1) と (4.4.2) はそれぞれ，

$$\begin{cases} (s + 1)X(s) + (s + 1)Y(s) = \dfrac{1}{s} + 1 \\ -2X(s) + (s - 1)Y(s) = 1 \end{cases} \tag{4.4.3}$$

となる．ゆえに，連立方程式 (4.4.3) を解いて $X(s), Y(s)$ を求めると，

$$X(s) = -\frac{1}{s} + \frac{1}{s + 1}, \quad Y(s) = \frac{2}{s} - \frac{1}{s + 1}$$

となる．これらの両辺にラプラス逆変換を適用すると，求める解

$$x(t) = e^{-t} - 1, \quad y(t) = 2 - e^{-t}$$

が得られる． $\qquad\qquad\qquad\qquad\qquad\qquad\qquad\qquad\qquad\qquad\qquad$ □

4.4.3 ラプラス変換と積分方程式

例題 4.9 (ラプラス変換と積分方程式)
積分方程式

$$y(t) = \cos t + \int_0^t e^{t-\tau} y(\tau)\, d\tau \quad \text{(ボルテラ型積分方程式)} \quad (4.4.4)$$

を解け.

解 $Y(s) = \mathcal{L}[y](s)$ とおく. ここで $\displaystyle\int_0^t e^{t-\tau} y(\tau)\, d\tau = (e^t * y)(t)$ より, $(4.4.4)$ の両辺をラプラス変換すると,

$$Y(s) = \mathcal{L}\big[\cos t + (e^t * y)(t)\big](s)$$

$$= \mathcal{L}[\cos t](s) + \mathcal{L}[e^t](s)Y(s)$$

$$= \frac{s}{s^2 + 1} + \frac{1}{s - 1}Y(s)$$

となる. よって,

$$Y(s) = \frac{s(s-1)}{(s^2+1)(s-2)}$$

を得る. いま,

$$Y(s) = \frac{s(s-1)}{(s^2+1)(s-2)} = \frac{A}{s-i} + \frac{B}{s+i} + \frac{C}{s-2}$$

とおくと,

$$A = \lim_{s \to i}(s-i)F(s) = \lim_{s \to i}\frac{s(s-1)}{(s+i)(s-2)} = \frac{i-1}{2(i-2)},$$

$$B = \lim_{s \to -i}(s+i)F(s) = \lim_{s \to -i}\frac{s(s-1)}{(s-i)(s-2)} = \frac{i+1}{2(i+2)},$$

$$C = \lim_{s \to 2}(s-2)F(s) = \lim_{s \to 2}\frac{s(s-1)}{s^2+1} = \frac{2}{5}$$

となる. これより

$$Y(s) = \frac{s(s-1)}{(s^2+1)(s-2)} = \frac{i-1}{2(i-2)} \cdot \frac{1}{s-i} + \frac{i+1}{2(i+2)} \cdot \frac{1}{s+i} + \frac{2}{5} \cdot \frac{1}{s-2}$$

が得られる．この両辺にラプラス逆変換を適用すると，オイラーの公式より，

$$
\begin{aligned}
y(t) &= \frac{i-1}{2(i-2)}\mathcal{L}^{-1}\left[\frac{1}{s-i}\right](t) + \frac{i+1}{2(i+2)}\mathcal{L}^{-1}\left[\frac{1}{s+i}\right](t) + \frac{2}{5}\mathcal{L}^{-1}\left[\frac{1}{s-2}\right](t) \\
&= \frac{i-1}{2(i-2)}e^{it} + \frac{i+1}{2(i+2)}e^{-it} + \frac{2}{5}e^{2t} \\
&= \frac{i-1}{2(i-2)}(\cos t + i\sin t) + \frac{i+1}{2(i+2)}(\cos t - i\sin t) + \frac{2}{5}e^{2t} \\
&= \left\{\frac{i-1}{2(i-2)} + \frac{i+1}{2(i+2)}\right\}\cos t + i\left\{\frac{i-1}{2(i-2)} - \frac{i+1}{2(i+2)}\right\}\sin t + \frac{2}{5}e^{2t} \\
&= \frac{3}{5}\cos t + \frac{1}{5}\sin t + \frac{2}{5}e^{2t}
\end{aligned}
$$

となるため，求める解は

$$
y(t) = \frac{3}{5}\cos t + \frac{1}{5}\sin t + \frac{2}{5}e^{2t}
$$

である．　　　　　　　　　　　　　　　　　　　　　　　　　　　　　　　　□

章末問題 (略解は p.205)

4-1 次の微分方程式の一般解を求めよ．ただし，初期条件が与えられているものについては特殊解も求めよ．

(1) $y' = 2(x+1)$, $y(0) = 1$　　　(2) $yy' = e^x$, $y(0) = 0$　　　(3) $\dfrac{dy}{dx} = \dfrac{\log x}{y^2}$

(4) $\dfrac{dy}{dx} = 2xy$　　　　　　　　　(5) $(1+x^2)y^3\dfrac{dy}{dx} = x$　　　(6) $y' = \dfrac{3x^2 y}{x^3 + 1}$

4-2 次の微分方程式の一般解を求めよ．ただし，初期条件が与えられているものについては特殊解も求めよ．

(1) $y' + xy = x$　　　　　　　　　　　　(2) $y' + \dfrac{y}{x} = e^x$

(3) $y' + (\tan x)y = x\cos x$　　　　　　(4) $y'\cos x - y\sin x = 2\cos x\sin x$

(5) $y' + y = e^{-x}$　　　　　　　　　　(6) $y' - \dfrac{2}{x}y = 2x^3 + x$

(7) $xy' + y = \dfrac{x}{1+x^2}$　　　　　　(8) $\dfrac{dy}{dx} + 2xy = e^{-x^2}$, $y(1) = 0$

(9) $y' - \dfrac{1}{x}y = \dfrac{y^3\log x}{x}$, $y(e) = \sqrt{2}$

4-3 次の微分方程式の一般解を求めよ．ただし，初期条件が与えられているものについては特殊解も求めよ．

(1) $y'' - 10y' + 21y = 0$　　(2) $y'' - 10y' + 29y = 0$　　(3) $y'' - 10y' + 25y = 0$

(4) $y'' + 9y = 0$　　　　　　(5) $y'' + 2y' + y = 0$, $y(0) = 1$, $y'(0) = -2$

(6) $y'' + 5y' + 6y = 0$, $y(0) = -1$, $y'(0) = 2$

(7) $y'' + c^2\xi^2 y = 0$, $y(0) = \varphi(\xi)$, $y'(0) = \psi(\xi)$ (ただし，c, ξ は定数とする)

4-4 次の微分方程式の一般解を求めよ．

(1) $y'' - 7y' - 8y = 8x^2 - 2x$　　　　(2) $y'' + 3y' = 6x$

(3) $y'' + 4y' + 3y = 3e^{2x}$　　　　　(4) $y'' - y' - 2y = 6e^{2x}$

(5) $y'' + 4y = \cos x$　　　　　　　(6) $y'' - y' - 2y = 20\sin 2x$

(7) $\dfrac{d^2 x}{dt^2} + 4x = \sin 2t$

4-5 次の微分方程式の一般解を求めよ．

(1) $x^2 y'' - xy' + y = \log x$　　　　(2) $x^2 y'' + 2xy' = \dfrac{x^2 + 1}{x}$

4-6 次の微分方程式をラプラス変換を用いて解け．

(1) $\begin{cases} y'' + y' - 2y = 3e^t, \\ y(0) = 1,\ y'(0) = 1 \end{cases}$　　　　(2) $\begin{cases} y'' + 4y = \cos x, \\ y(0) = \dfrac{1}{3},\ y'(0) = 2 \end{cases}$

4-7 連立微分方程式

$$\begin{cases} x'(t) + 2x(t) + y(t) = 2 \\ y'(t) + x(t) + 2y(t) = 1 \end{cases}$$ を初期条件 $x(0) = 2$, $y(0) = 0$ として，ラプラス

変換を用いて解け．

4-8 次の積分方程式をラプラス変換を用いて解け．

(1) $y(t) - t = \displaystyle\int_0^t y(\tau)\sin(t - \tau)\, d\tau$

(2) $\displaystyle\int_0^t e^{2(t-\tau)} y(\tau)\, d\tau = \sin t$　　　(アーベル型積分方程式)

第5章 偏微分方程式

偏微分方程式とは，2つ以上の独立変数を持つ未知関数に対する微分方程式である．偏微分方程式を満たす関数のことを「解」と呼び，解を求めることを「偏微分方程式を解く」という．偏微分方程式には様々なものがあり，ほとんどの偏微分方程式は解を具体的に求めることができない．しかし，特定の形をした偏微分方程式については，第1章，第2章で学んだフーリエ解析を用いることで具体的に解を求めることが可能となる．特に，定数係数2階線形偏微分方程式と呼ばれるタイプの偏微分方程式は，熱伝導や波の伝播などの物理的に重要な現象を背景としたものを含んでいるうえに，フーリエ解析を用いて解くことができる方程式の典型例となっている．

本章では，定数係数2階線形偏微分方程式を主な対象とし，フーリエ級数を用いた初期値・境界値問題および境界値問題の解法と，フーリエ変換を用いた初期値問題の解法を紹介する．これらの解法では，未知関数のフーリエ級数やフーリエ変換を通して，偏微分方程式を常微分方程式に書き直すという点が鍵となる．したがって，書き直した後の常微分方程式を解く際に，第4章で学んだ常微分方程式の解法が役に立つ．また，フーリエ級数およびフーリエ変換の代わりに，第3章で学んだラプラス変換を用いて偏微分方程式の解を求めることもできる．

5.1 偏微分方程式の例

ここではまず，偏微分方程式の例をいくつか紹介する．偏微分方程式の中でも，未知関数およびその偏導関数の1次式によって記述されているものを線形偏微分方程式，そうでないものを非線形偏微分方程式と呼ぶ．線形偏微分方程式の中でも，未知関数およびその偏導関数の係数が定数であるものを，定数係数線形偏微分方程式と呼ぶ．なお，定数係数でない場合には変数係数と呼ぶ．また，1つの項に含まれる微分階数の最大値を，その偏微分方程式の階数と呼ぶ．

5.1.1 1階偏微分方程式

未知関数 $u(x, y)$ に対する1階偏微分方程式の例を以下に挙げる.

---- 1 階偏微分方程式の例 ────────────────

(1) $\dfrac{\partial u}{\partial x} + \dfrac{\partial u}{\partial y} = 0$ → 1 階定数係数線形偏微分方程式

(2) $\dfrac{\partial u}{\partial x} + x\dfrac{\partial u}{\partial y} = 0$ → 1 階変数係数線形偏微分方程式

(3) $\dfrac{\partial u}{\partial x} + u\dfrac{\partial u}{\partial y} = 0$ → 1 階非線形偏微分方程式

(4) $\dfrac{\partial u}{\partial x} + \left(\dfrac{\partial u}{\partial y}\right)^2 = 0$ → 1 階非線形偏微分方程式

────────────────────────────

1 階の線形偏微分方程式は比較的容易に解くことができる. 例えば上の (1) の偏微分方程式については

$$u(x, y) = f(x - y)$$

が解となり, (2) の偏微分方程式については

$$u(x, y) = g(x^2 - 2y)$$

が解となる. ここで $f(x)$, $g(x)$ は任意の微分可能関数である. これらのように, 任意性を持つような解を一般解と呼ぶ. 一方, 後に述べる初期条件や境界条件を与えることで, 任意性を持たない解が得られる. そのような解を特殊解と呼ぶ. なお, 上の (3), (4) はどちらも非線形偏微分方程式であるが, (3) のように未知関数の最高階数の導関数について 1 次式になっている場合, その偏微分方程式は準線形と呼ばれる. 準線形の 1 階偏微分方程式については, 特性曲線というものを利用することで解を求めることができるが, 本書では詳細には立ち入らない.

5.1.2　定数係数 2 階線形偏微分方程式

偏微分方程式は物理現象等を背景とするものが多い．特に，2 階偏微分方程式は熱現象，波動現象などの物理現象を記述する際に現れ，応用上非常に重要である．

定数係数 2 階線形偏微分方程式

次の形の偏微分方程式を**定数係数 2 階線形偏微分方程式**と呼ぶ．

$$a_{11}\frac{\partial^2 u}{\partial x^2} + 2a_{12}\frac{\partial^2 u}{\partial x \partial y} + a_{22}\frac{\partial^2 u}{\partial y^2}$$
$$+ b_1\frac{\partial u}{\partial x} + b_2\frac{\partial u}{\partial y} + b_3 u = f(x, y). \tag{5.1.1}$$

ここで a_{11}, a_{12}, a_{22}, b_1, b_2, b_3 は実定数，$f(x, y)$ は与えられた関数である．

右辺の $f(x, y)$ を非斉次項と呼び，$f(x, y) \equiv 0$ (恒等的に 0) のとき (5.1.1) を斉次方程式，$f(x, y) \not\equiv 0$ のとき (5.1.1) を非斉次方程式という．特に斉次の場合には，**重ね合わせの原理**と呼ばれる重要な性質が成り立つ．それは，解が複数得られた際にそれらの和もまた解になるという原理であり，微分の性質から容易に確かめられる（章末問題とする）．

Point 5.1 （重ね合わせの原理）

u_1, u_2, $\cdots$, u_m が 2 階線形偏微分方程式

$$a_{11}\frac{\partial^2 u}{\partial x^2} + 2a_{12}\frac{\partial^2 u}{\partial x \partial y} + a_{22}\frac{\partial^2 u}{\partial y^2} + b_1\frac{\partial u}{\partial x} + b_2\frac{\partial u}{\partial y} + b_3 u = 0 \tag{5.1.2}$$

の解であるとき，定数 c_1, c_2, $\cdots$, c_m を用いて

$$u = c_1 u_1 + c_2 u_2 + \cdots + c_m u_m$$

とおくと，u も (5.1.2) の解である．

定数係数 2 階線形偏微分方程式 (5.1.1) は，2 階導関数の係数 a_{11}, a_{12}, a_{22} の値の取り方により，3 つの型に分類される．そのことを見るために斉次方程式 (5.1.2) を考え，定数係数 2 階線形常微分方程式（4.3.2 節参照）のように，指数

関数が (5.1.2) の解となっていると仮定してみる. そこで, $u(x,y) = e^{kx+ly}$ とおいて (5.1.2) に代入すると次が得られる.

$$(a_{11}k^2 + 2a_{12}kl + a_{22}l^2 + b_1 k + b_2 l + b_3)e^{kx+ly} = 0.$$

したがって,

$$a_{11}k^2 + 2a_{12}kl + a_{22}l^2 + b_1 k + b_2 l + b_3 = 0 \tag{5.1.3}$$

であれば, $u(x,y) = e^{kx+ly}$ は (5.1.2) の解となることがわかる. ここで k, l についての関係式 (5.1.3) は平面上の 2 次曲線を表し, a_{11}, a_{12}, a_{22} の値の取り方によって次のように分類される.

$$\text{(i) } a_{11}a_{22} - a_{12}^2 > 0 : 楕円$$
$$\text{(ii) } a_{11}a_{22} - a_{12}^2 = 0 : 放物線$$
$$\text{(iii) } a_{11}a_{22} - a_{12}^2 < 0 : 双曲線$$

これに倣って方程式 (5.1.1) は次のように分類される.

> **Point 5.2 (定数係数 2 階線形偏微分方程式の分類)**
> 方程式 (5.1.1) は (i) $a_{11}a_{22} - a_{12}^2 > 0$ のとき楕円型方程式, (ii) $a_{11}a_{22} - a_{12}^2 = 0$ のとき放物型方程式, (iii) $a_{11}a_{22} - a_{12}^2 < 0$ のとき双曲型方程式と呼ばれる.

例 5.1.1 (楕円型方程式の例) 方程式 (5.1.1) において $a_{11} = a_{22} = 1$, $a_{12} = 0$, $b_1 = b_2 = b_3 = 0$ とすると

$$\frac{\partial^2 u}{\partial x^2} + \frac{\partial^2 u}{\partial y^2} = f(x,y) \tag{5.1.4}$$

が得られる. この方程式を (2 次元) **ラプラス方程式**と呼び, 特に $f(x,y) \not\equiv 0$ であるとき, この方程式を**ポアソン方程式**とも呼ぶ. ラプラス方程式およびポアソン方程式は, 空間内の静電場などの定常状態の様子を記述する方程式である.

例 5.1.2 (放物型方程式の例) 方程式 (5.1.1) において $a_{11} = -c$ $(c > 0)$, $a_{12} = a_{22} = 0$, $b_1 = b_3 = 0$, $b_2 = 1$ とすると

$$-c\frac{\partial^2 u}{\partial x^2} + \frac{\partial u}{\partial y} = f(x,y)$$

が得られる. ここで変数 y を t に書き換えると

$$\frac{\partial u}{\partial t} - c\frac{\partial^2 u}{\partial x^2} = f(x, t) \tag{5.1.5}$$

となる. この方程式を（1次元）**熱方程式**と呼ぶ. 熱方程式は, 空間内の温度の分布が時間の経過とともに変化する様子を記述する方程式である.

例 5.1.3 (双曲型方程式の例) 方程式 (5.1.1) において $a_{11} = -c^2$ $(c > 0)$, $a_{12} = 0$, $a_{22} = 1$, $b_1 = b_2 = b_3 = 0$ とすると

$$-c^2\frac{\partial^2 u}{\partial x^2} + \frac{\partial^2 u}{\partial y^2} = f(x, y)$$

が得られる. ここで変数 y を t に書き換えると

$$\frac{\partial^2 u}{\partial t^2} - c^2\frac{\partial^2 u}{\partial x^2} = f(x, t) \tag{5.1.6}$$

となる. この方程式を（1次元）**波動方程式**と呼ぶ. 波動方程式は, 電磁波などの波が時間の経過とともに空間内を伝播する様子を記述する方程式である.

例 5.1.4 (多次元の偏微分方程式の例) 上で挙げた定数係数 2 階線形偏微分方程式の例は, 未知関数が一般の多変数関数（多次元空間上の関数）の場合に拡張できる (例えば [堤] を参照). その際には, ラプラシアンと呼ばれる記号 Δ を用いるのが便利である.

ラプラシアン

n 次元のラプラシアン Δ を

$$\Delta = \sum_{k=1}^{n}\frac{\partial^2}{\partial x_k^2} = \frac{\partial^2}{\partial x_1^2} + \cdots + \frac{\partial^2}{\partial x_n^2}$$

により定まる微分演算子とする. すなわち, n 変数関数 $u(x_1, \cdots, x_n)$ に対し Δu は

$$\Delta u = \sum_{k=1}^{n}\frac{\partial^2 u}{\partial x_k^2}$$

により定められる.

ラプラシアンを用いると，多次元のラプラス方程式，熱方程式，波動方程式は次のように表示される．

$$\Delta u = 0 \qquad\qquad (n \text{ 次元ラプラス方程式})$$

$$\frac{\partial u}{\partial t} - c\Delta u = 0 \qquad\qquad (n \text{ 次元熱方程式})$$

$$\frac{\partial^2 u}{\partial t^2} - c^2 \Delta u = 0 \qquad\qquad (n \text{ 次元波動方程式})$$

なお，n 次元ラプラス方程式の未知関数は n 変数関数 $u(x_1, \cdots, x_n)$ であり，n 次元熱方程式および n 次元波動方程式の未知関数は $(n+1)$ 変数関数 $u(x_1, \cdots, x_n, t)$ である．

以上の例はすべて線形偏微分方程式であるが，非線形の 2 階偏微分方程式の例としては，例えばバーガース方程式

$$\frac{\partial u}{\partial t} - \frac{\partial^2 u}{\partial x^2} = u\frac{\partial u}{\partial x}$$

が挙げられる．この方程式は熱方程式に非線形項を加えたものであり，衝撃波を記述する解を持つことが知られている．

5.1.3　偏微分方程式の初期条件と境界条件

熱方程式，波動方程式において x を空間変数，t を時間変数と捉えると，解 $u(x,t)$ は位置 x，時刻 t における温度や波の振幅を表す．いま，a, b, t_0 を与えられた定数とし，$a < x < b,\, t > t_0$ において熱方程式 (5.1.5) または波動方程式 (5.1.6) を満たす解を求めることを考える．このとき，初期時刻 $t = t_0$ における未知関数の情報を**初期条件**，開区間 (a, b) の境界 $x = a$, $x = b$ における未知関数の情報を**境界条件**と呼び，初期条件と境界条件の与えられた偏微分方程式の解を求める問題を，**初期値・境界値問題**と呼ぶ．熱方程式の初期条件と境界条件は，例えば次のように与えられる．

$$(\text{初期条件}) \quad u(x, t_0) = \varphi(x),$$

$$(\text{境界条件}) \quad u(a, t) = g(t),\ u(b, t) = h(t).$$

波動方程式の初期条件と境界条件は，例えば次のように与えられる．

$$(\text{初期条件}) \quad u(x, t_0) = \varphi(x),\ \frac{\partial u}{\partial t}(x, t_0) = \psi(x),$$

$$(\text{境界条件}) \quad u(a, t) = g(t),\ u(b, t) = h(t).$$

ここで，上のように境界での未知関数の値が与えられた境界条件を，ディリクレ
境界条件という．一方，

$$\frac{\partial u}{\partial x}(a,t) = g(t), \quad \frac{\partial u}{\partial x}(b,t) = h(t)$$

のように，境界での未知関数の偏微分係数の値が与えられた境界条件を，ノイマ
ン境界条件という．なお，$-\infty < x < \infty$ のように，考えている x の範囲が境界
を持たない場合，初期条件のみが与えられる（場合によっては $x \to \pm\infty$ におけ
る $u(x,t)$ の極限値も与えられる）．初期条件のみが与えられた偏微分方程式の解
を求める問題を，**初期値問題**（またはコーシー問題）と呼ぶ.

　一方，ラプラス方程式の未知関数は (x,y) を変数とする関数であるため，x も
y も空間変数と捉える．そこで，xy 平面上の領域 Ω においてラプラス方程式
(5.1.4) を満たす解を求めることを考える．この場合，Ω の境界 $\partial\Omega$ における情
報が境界条件として与えられる．境界条件のみが与えられた偏微分方程式の解を
求める問題を，**境界値問題**と呼ぶ．ラプラス方程式の境界条件は，例えば次のよ
うに与えられる．

$$(\text{境界条件}) \quad u(x,y) = g(x,y), \quad (x,y) \in \partial\Omega.$$

　次節以降では熱方程式，波動方程式の初期値・境界値問題および初期値問題，
ラプラス方程式の境界値問題の解法について述べる．なお，次節以降の多くの箇
所において，関数項級数の項別微分（無限和と微分の順序交換），2 変数関数の積
分記号化での微分（積分と微分の順序交換）の計算を行っている．これらの計算
は，初期条件，境界条件を与える関数がある程度良い性質を持っていることを仮
定することで正当化できる．正当性についての議論は付録で行うこととし，本章
では初期条件，境界条件を与える関数は，上に述べた計算が正当化されるような
良い性質を持っているものとして話を進める．

5.2　熱方程式

　本節では，1 次元熱方程式 (5.1.5) の解法について述べる．熱方程式は時間変
数 t について 1 階の偏導関数を含んでいるため，特殊解を得るためには 1 つの初
期条件が必要となる．まず，ディリクレ境界条件を与えた初期値・境界値問題の
解法について解説し，その後に初期値問題の解法について解説する．

5.2.1 熱方程式の初期値・境界値問題の解法

次の問題について考える.

初期値・境界値問題 (I)

熱方程式の初期値・境界値問題

$$\begin{cases} \dfrac{\partial u}{\partial t} - c\dfrac{\partial^2 u}{\partial x^2} = 0, & 0 < x < \pi, \ t > 0, \\ u(x,0) = \varphi(x), & 0 \leq x \leq \pi, \\ u(0,t) = u(\pi,t) = 0, & t > 0 \end{cases} \tag{5.2.1}$$

の解 $u(x,t)$ を求めよ. ここで c は正定数であり, $\varphi(x)$ は $\varphi(0) = \varphi(\pi) = 0$ を満たすとする.

注意 5.1 $\varphi(x)$ に対する条件 $\varphi(0) = \varphi(\pi) = 0$ は, 初期値が境界条件を満たすためのものであり, **適合条件**と呼ばれる. ◇

以下では, 初期値・境界値問題 (5.2.1) の解法を与える. $\varphi(x) \equiv 0$ の場合には, $u(x,t) \equiv 0$ が解となっているため, $\varphi(x) \not\equiv 0$ とする. 解が

$$u(x,t) = X(x)T(t) \tag{5.2.2}$$

の形をしていると仮定する. このように, 解が変数 x のみの関数と変数 t のみの関数の積の形に分解できると仮定する方法を, **変数分離法**と呼ぶ.

Step 1. (常微分方程式への書き換え)

いま, $X(x) \equiv 0$ または $T(t) \equiv 0$ とすると $u(x,t) \equiv 0$ となるため, 初期条件 $u(x,0) = \varphi(x) \ (\not\equiv 0)$ が満たされない. したがって $X(x) \not\equiv 0$ かつ $T(t) \not\equiv 0$ である. まず, (5.2.2) を (5.2.1) の第 1 式に代入すると

$$X(x)T'(t) - cX''(x)T(t) = 0$$

を得る. これより, $X(x) \neq 0, T(t) \neq 0$ を満たす x, t に対して

$$\frac{T'(t)}{cT(t)} = \frac{X''(x)}{X(x)}$$

を得るが, 左辺は t のみの関数, 右辺は x のみの関数なので, この両辺は定数でなければならない. そこで

$$\frac{T'(t)}{cT(t)} = \frac{X''(x)}{X(x)} = \alpha$$

とおく. ここで α は定数である. これより, 2 つの常微分方程式

$$X''(x) = \alpha X(x) \tag{5.2.3}$$

および

$$T'(t) = c\alpha T(t) \tag{5.2.4}$$

が得られる.

Step 2. ($X(x)$ についての常微分方程式を解く)

関数 X についての常微分方程式 (5.2.3) を解く. この方程式の一般解は,
(i) $\alpha = \lambda^2 > 0$ のとき
$$X(x) = C_1 e^{\lambda x} + C_2 e^{-\lambda x}$$

(ii) $\alpha = 0$ のとき
$$X(x) = C_1 + C_2 x$$

(iii) $\alpha = -\lambda^2 < 0$ のとき

$$X(x) = C_1 \cos \lambda x + C_2 \sin \lambda x$$

となる (4.3.2 節参照). ただし C_1, C_2 は定数である. ここで, 境界条件 $u(0,t) = u(\pi,t) = 0$ から $t > 0$ に対して

$$X(0)T(t) = X(\pi)T(t) = 0$$

を得るが, $T(t) \not\equiv 0$ なので

$$X(0) = X(\pi) = 0 \tag{5.2.5}$$

でなければならない. そこで, 次の (i), (ii), (iii) の各場合に (5.2.5) を満たす C_1, C_2 を求める.

(i) $\alpha = \lambda^2 > 0$ のとき

$$X(0) = C_1 + C_2,$$
$$X(\pi) = C_1 e^{\lambda\pi} + C_2 e^{-\lambda\pi}$$

より，(5.2.5) を満たすためには $C_1 = C_2 = 0$ でなければならない．した
がって $X(x) \equiv 0$ となり，不適である．

(ii) $\alpha = 0$ のとき

$$X(0) = C_1,$$
$$X(\pi) = C_1 + C_2\pi$$

より，(5.2.5) を満たすためには $C_1 = C_2 = 0$ でなければならない．した
がって $X(x) \equiv 0$ となり，不適である．

(iii) $\alpha = -\lambda^2 < 0$ のとき

$$X(0) = C_1,$$
$$X(\pi) = C_1 \cos\lambda\pi + C_2 \sin\lambda\pi$$

より，(5.2.5) を満たすためには $C_1 = 0$, $C_2 \sin\lambda\pi = 0$ でなければならな
い．もし $C_2 = 0$ なら $C_1 = C_2 = 0$ より $X(x) \equiv 0$ となり，不適である．
したがって $\sin\lambda\pi = 0$ でなければならない．

以上により，境界条件 $u(0,t) = u(\pi,t) = 0$ を満たすためには

$$\alpha = -\lambda^2 < 0, \quad \lambda = n \quad (n = \pm 1, \pm 2, \cdots) \tag{5.2.6}$$

である必要があり，そのとき $C_2 = C$ とおくと，解 $X(x)$ は

$$X(x) = C \sin nx \quad (n = 1, 2, 3, \cdots)$$

となる．

注意 5.2 $n = -1, -2, -3 \cdots$ のときは

$$\sin(-x) = -\sin x, \quad \sin(-2x) = -\sin 2x, \quad \sin(-3x) = -\sin 3x, \cdots$$

より, $n = 1, 2, 3, \cdots$ のときと同じ関数形になるので, $n = 1, 2, 3, \cdots$ のときの $X(x)$ のみ与えればよい. ◇

Step 3. ($T(t)$ についての常微分方程式を解く)

関数 $T(t)$ についての常微分方程式 (5.2.4) を解く. Step 2 の (5.2.6) より $\alpha = -\lambda^2 = -n^2$ であるので, 常微分方程式 (5.2.4) は

$$T'(t) = -cn^2 T(t)$$

となる. この方程式の一般解は

$$T(t) = C_0 e^{-cn^2 t}$$

により与えられる. ただし C_0 は定数である. 以上により,

$$u(x, t) = X(x)T(t) = CC_0 e^{-cn^2 t} \sin nx \quad (n = 1, 2, 3, \cdots)$$

となる. ここで初期条件 $u(x, 0) = \varphi(x)$ より,

$$CC_0 \sin nx = \varphi(x)$$

でなければならないが, 定数 C, C_0 をどのように選んでもこの等式は一般には成立しない ($\varphi(x)$ は三角関数とは限らないので). そこで B_n を $n = 1, 2, 3, \cdots$ に応じて決まる定数とし, 関数 $u_n(x, t)$ を

$$u_n(x, t) = B_n e^{-cn^2 t} \sin nx$$

とおく. $u_n(x, t)$ は熱方程式 ((5.2.1) の第 1 式) を満たし, 熱方程式は線形偏微分方程式なので, 重ね合わせの原理によって $u_n(x, t)$ の和もまた熱方程式を満たす. したがって

$$u(x, t) = \sum_{n=1}^{\infty} u_n(x, t) = \sum_{n=1}^{\infty} B_n e^{-cn^2 t} \sin nx \tag{5.2.7}$$

とおくと, $u(x, t)$ も熱方程式を満たす.

注意 5.3 重ね合わせの原理 (Point 5.1 参照) はあくまでも "有限個" の解の和についての性質である. したがって, 無限個の解 $u_n(x, t)$ ($n = 1, 2, 3 \cdots$) の和

が解になっているかどうかについては，きちんと確かめる必要がある．これについ
いては，無限和と微分の順序交換を認めれば，次のようにして確かめられる．

$$\frac{\partial u}{\partial t} - c\frac{\partial^2 u}{\partial x^2} = \frac{\partial}{\partial t}\sum_{n=1}^{\infty} u_n - c\frac{\partial^2}{\partial x^2}\sum_{n=1}^{\infty} u_n = \sum_{n=1}^{\infty}\left(\frac{\partial u_n}{\partial t} - c\frac{\partial^2 u_n}{\partial x^2}\right) = 0.$$

順序交換の数学的な正当性については付録 A.3 で議論する． ◇

Step 4. (フーリエ級数展開を用いた解の表示)

初期条件 $u(x,0) = \varphi(x)$ を満たすように $B_1, B_2, \cdots$ の値を定める．そこで
(5.2.7) に $t = 0$ を代入すると

$$u(x,0) = \sum_{n=1}^{\infty} B_n \sin nx$$

となる．これより初期条件を満たすためには

$$\varphi(x) = \sum_{n=1}^{\infty} B_n \sin nx$$

を満たせばよい．この右辺は奇関数のフーリエ級数展開であるため，$\varphi(x)$ が奇
関数であれば，B_n は $\varphi(x)$ のフーリエ係数として求められる．しかしいま，$\varphi(x)$
は $0 \le x \le \pi$ でしか定義されていないため，周期 2π の周期関数 $\widetilde{\varphi}(x)$ を

$$\widetilde{\varphi}(x) = \begin{cases} \varphi(x) & (0 \le x \le \pi \text{のとき}) \\ -\varphi(x) & (-\pi \le x \le 0 \text{のとき}) \end{cases}$$

により定める（1.2 節も参照せよ）．すると $\widetilde{\varphi}(x)$ は奇関数となるため，
$\{\sin nx\}_{n=1}^{\infty}$ によるフーリエ級数展開（フーリエ正弦展開）ができ，フーリエ係
数 B_n は

$$B_n = \frac{1}{\pi}\int_{-\pi}^{\pi} \widetilde{\varphi}(x)\sin nx\, dx = \frac{2}{\pi}\int_0^{\pi} \varphi(x)\sin nx\, dx \qquad (5.2.8)$$

により求められる．この B_n は $\varphi(x)$ から決まるので，φ_n と書くことにする．以
上の議論により，(5.2.7), (5.2.8) から熱方程式の初期値・境界値問題の解が次の
ように得られる．

Point 5.3 (熱方程式の初期値・境界値問題の解)

初期値・境界値問題

$$\begin{cases} \dfrac{\partial u}{\partial t} - c \dfrac{\partial^2 u}{\partial x^2} = 0, & 0 < x < \pi,\ t > 0, \\ u(x,0) = \varphi(x), & 0 \le x \le \pi, \\ u(0,t) = u(\pi,t) = 0, & t > 0 \end{cases}$$

の解は

$$u(x,t) = \sum_{n=1}^{\infty} \varphi_n e^{-cn^2 t} \sin nx, \quad \varphi_n = \frac{2}{\pi} \int_0^{\pi} \varphi(x) \sin nx \ dx \qquad (5.2.9)$$

で与えられる.

例題 5.1 (熱方程式の初期値・境界値問題)

熱方程式の初期値・境界値問題

$$\begin{cases} \dfrac{\partial u}{\partial t} - \dfrac{\partial^2 u}{\partial x^2} = 0, & 0 < x < \pi,\ t > 0, \\ u(x,0) = \pi x - x^2, & 0 \le x \le \pi, \\ u(0,t) = u(\pi,t) = 0, & t > 0 \end{cases}$$

の解を求めよ.

解 初期値 $\varphi(x) = \pi x - x^2$ および $n = 1, 2, 3, \cdots$ に対し,

$$\begin{aligned} \varphi_n &= \frac{2}{\pi} \int_0^{\pi} \varphi(x) \sin nx \ dx = 2 \int_0^{\pi} \left(x - \frac{x^2}{\pi} \right) \sin nx \ dx \\ &= 2 \left[-\frac{1}{n} \left(x - \frac{x^2}{\pi} \right) \cos nx \right]_0^{\pi} + \frac{2}{n} \int_0^{\pi} \left(1 - \frac{2x}{\pi} \right) \cos nx \ dx \\ &= \frac{2}{n} \left[\frac{1}{n} \left(1 - \frac{2x}{\pi} \right) \sin nx \right]_0^{\pi} + \frac{4}{n^2 \pi} \int_0^{\pi} \sin nx \ dx \\ &= \frac{4}{n^3 \pi} \{ 1 - (-1)^n \} \end{aligned}$$

となるため, 解の公式 (5.2.9) により求める解は

$$u(x,t) = \sum_{n=1}^{\infty} \varphi_n e^{-n^2 t} \sin nx = \frac{4}{\pi} \sum_{n=1}^{\infty} \frac{1 - (-1)^n}{n^3} e^{-n^2 t} \sin nx$$

となる. ここで $1 - (-1)^n$ は n が奇数のとき 2, 偶数のとき 0 となるため, 解は

$$u(x,t) = \frac{8}{\pi} \sum_{n=1}^{\infty} \frac{1}{(2n-1)^3} e^{-(2n-1)^2 t} \sin(2n-1)x$$

とも表せる. □

注意 5.4 一般に, $L > 0$ に対して $0 < x < L$ における熱方程式の初期値・境界値問題

$$\begin{cases} \dfrac{\partial v}{\partial t} - c\dfrac{\partial^2 v}{\partial x^2} = 0, & 0 < x < L,\ t > 0, \\ v(x,0) = \psi(x), & 0 \le x \le L, \\ v(0,t) = v(L,t) = 0, & t > 0 \end{cases} \tag{5.2.10}$$

の解 $v(x,t)$ も求めることができる. A を定数とし, 初期値

$$\varphi(x) = A\psi\left(\frac{L}{\pi}x\right)$$

に対する初期値・境界値問題 (5.2.1) の解を $u(x,t)$ (つまり (5.2.9) の $u(x,t)$) とするとき,

$$v(x,t) = \frac{1}{A} u\left(\frac{\pi}{L}x, \frac{\pi^2}{L^2}t\right)$$

が (5.2.10) の解となる. この $v(x,t)$ が実際に熱方程式を満たすことは合成関数の偏微分の計算 (連鎖律) から確かめられ, 初期条件を満たすことは

$$v(x,0) = \frac{1}{A} u\left(\frac{\pi}{L}x, 0\right) = \frac{1}{A} \cdot A\psi\left(\frac{L}{\pi} \cdot \frac{\pi}{L}x\right) = \psi(x)$$

によりわかる. ◇

例題 5.2 (熱方程式の初期値・境界値問題)

熱方程式の初期値・境界値問題

$$\begin{cases} \dfrac{\partial v}{\partial t} - \dfrac{\partial^2 v}{\partial x^2} = 0, & 0 < x < 1,\ t > 0, \\ v(x,0) = x - x^2, & 0 \le x \le 1, \\ v(0,t) = v(1,t) = 0, & t > 0 \end{cases}$$

の解を求めよ.

解 初期値 $\psi(x) = x - x^2$ に対し,

$$\varphi(x) = \pi^2 \psi\left(\frac{1}{\pi}x\right) = \pi^2\left(\frac{x}{\pi} - \frac{x^2}{\pi^2}\right) = \pi x - x^2$$

とおくと,初期値 $\varphi(x)$ に対する初期値・境界値問題 (5.2.1) の解は

$$u(x, t) = \frac{8}{\pi} \sum_{n=1}^{\infty} \frac{1}{(2n-1)^3} e^{-(2n-1)^2 t} \sin(2n-1)x$$

で与えられる(例題 5.1 より).したがって,求める解は

$$v(x, t) = \frac{1}{\pi^2} u(\pi x, \pi^2 t) = \frac{8}{\pi^3} \sum_{n=1}^{\infty} \frac{1}{(2n-1)^3} e^{-(2n-1)^2 \pi^2 t} \sin(2n-1)\pi x$$

である. □

5.2.2 熱方程式の初期値問題の解法

次の問題について考える.

┌─ 初期値問題 (I) ─────────────────

熱方程式の初期値問題

$$\begin{cases} \dfrac{\partial u}{\partial t} - c\dfrac{\partial^2 u}{\partial x^2} = 0, & -\infty < x < \infty,\ t > 0, \\ u(x, 0) = \varphi(x), & -\infty < x < \infty \end{cases} \tag{5.2.11}$$

の解 $u(x, t)$ を求めよ.ここで c は正定数である.

└─────────────────────────────

Step 1. (フーリエ変換を用いた常微分方程式への書き換え)

まず,方程式および初期条件の両辺にフーリエ変換を施すと,

$$\mathcal{F}\left[\frac{\partial u}{\partial t}\right](\xi, t) = \frac{1}{\sqrt{2\pi}} \int_{-\infty}^{\infty} \frac{\partial u}{\partial t}(x, t)e^{-ix\xi}dx = \frac{1}{\sqrt{2\pi}} \frac{\partial}{\partial t} \int_{-\infty}^{\infty} u(x, t)e^{-ix\xi}dx$$

$$= \frac{1}{\sqrt{2\pi}} \frac{\partial \hat{u}}{\partial t}(\xi, t),$$

$$\mathcal{F}\left[\frac{\partial^2 u}{\partial x^2}\right](\xi, t) = -\xi^2 \hat{u}(\xi, t)$$

および

$$\mathcal{F}[u](\xi, 0) = \int_{-\infty}^{\infty} u(x, 0)e^{-ix\xi}dx = \int_{-\infty}^{\infty} \varphi(x)e^{-ix\xi}dx = \hat{\varphi}(\xi)$$

より，変数 t についての常微分方程式の初期値問題

$$\begin{cases} \dfrac{\partial \hat{u}}{\partial t} + c\xi^2\hat{u} = 0, & t > 0, \\ \hat{u}(\xi, 0) = \hat{\varphi}(\xi) \end{cases} \tag{5.2.12}$$

が得られる.

Step 2. (常微分方程式の解のフーリエ逆変換を計算)
常微分方程式の初期値問題 (5.2.12) の解は

$$\hat{u}(\xi, t) = \hat{\varphi}(\xi)e^{-c\xi^2 t}$$

となるため，この両辺にフーリエ逆変換を施すことで，

$$u(x, t) = \mathcal{F}^{-1}\Big[\hat{\varphi}(\xi)e^{-c\xi^2 t}\Big](x)$$

が得られる. ここで，たたみ込みのフーリエ変換の性質（2.3 節参照）を用いれば，

$$u(x, t) = \frac{1}{\sqrt{2\pi}}\Big(\mathcal{F}^{-1}[\hat{\varphi}(\xi)] * \mathcal{F}^{-1}\Big[e^{-c\xi^2 t}\Big]\Big)(x) = \frac{1}{\sqrt{2\pi}}\Big(\varphi * \mathcal{F}^{-1}\Big[e^{-c\xi^2 t}\Big]\Big)(x)$$

$$= \frac{1}{\sqrt{2\pi}} \int_{-\infty}^{\infty} \varphi(y)\mathcal{F}^{-1}\Big[e^{-c\xi^2 t}\Big](x - y)\ dy$$

$$\tag{5.2.13}$$

となるため，フーリエ逆変換 $\mathcal{F}^{-1}\Big[e^{-c\xi^2 t}\Big](x)$ が計算できれば，熱方程式 (5.2.12) の解を具体的に表示することができる.

Step 3. ($e^{-c\xi^2 t}$ のフーリエ逆変換を計算)
例題 2.3 において $a = 2\sqrt{ct}$ とおけば

$$\mathcal{F}\Big[e^{-\frac{x^2}{4ct}}\Big](\xi) = \sqrt{2ct}\,e^{-ct\xi^2}$$

となるため，$e^{-c\xi^2 t}$ のフーリエ逆変換は

$$\mathcal{F}^{-1}\left[e^{-c\xi^2 t}\right](x) = \frac{1}{\sqrt{2ct}}e^{-\frac{x^2}{4ct}} \tag{5.2.14}$$

となる．

以上の議論により，(5.2.13), (5.2.14) から熱方程式の初期値問題の解が次のように得られる．

Point 5.4（熱方程式の初期値問題の解）

初期値問題

$$\begin{cases} \dfrac{\partial u}{\partial t} - c\dfrac{\partial^2 u}{\partial x^2} = 0, & -\infty < x < \infty,\ t > 0, \\ u(x,0) = \varphi(x), & -\infty < x < \infty \end{cases}$$

の解は

$$u(x,t) = \frac{1}{\sqrt{4\pi ct}}\int_{-\infty}^{\infty}\varphi(y)e^{-\frac{(x-y)^2}{4ct}}dy \tag{5.2.15}$$

で与えられる．

注意 5.5 正の実数 c をパラメーターとする 2 変数関数 $E_c(x,t)$ を

$$E_c(x,t) = \frac{1}{\sqrt{4\pi ct}}e^{-\frac{x^2}{4ct}}$$

により定めると，熱方程式の初期値問題の解 (5.2.15) は

$$u(x,t) = \int_{-\infty}^{\infty}\varphi(y)E_c(x-y,t)dy$$

と表せる．このことから，関数 $E_c(x,t)$ は**熱核**と呼ばれる．簡単な計算により，熱核 $E_c(x,t)$ が熱方程式を満たすことが確認できる（章末問題とする）．したがって，(5.2.15) の $u(x,t)$ が熱方程式の解となることは，y についての積分と x,t についての微分の順序交換ができれば確かめられる．順序交換の正当性および，(5.2.15) の $u(x,t)$ が熱方程式の初期値問題を満たしていることは付録 A.4 で示される． ◇

注意 5.6 熱核 $E_c(x,t)$ は，熱方程式の初期値問題 (5.2.11) において初期値 $\varphi(x)$ をデルタ関数 $\delta(x)$ としたときの解となっている．実際に，上述の解法の Step 2

において $\hat{\delta}(\xi) = \dfrac{1}{\sqrt{2\pi}}$ であること（注意 2.5 を参照）を用いれば，

$$u(x,t) = \frac{1}{\sqrt{2\pi}} \mathcal{F}^{-1}\left[e^{-c\xi^2 t}\right](x)$$

であることがわかる．この右辺が熱核 $E_c(x,t)$ であることは，上述の解法の Step 3 で見た通りである． ♢

例題 5.3 (熱方程式の初期値問題)

熱方程式の初期値問題

$$\begin{cases} \dfrac{\partial u}{\partial t} - \dfrac{\partial^2 u}{\partial x^2} = 0, & -\infty < x < \infty,\ t > 0, \\ u(x,0) = e^{-x^2}, & -\infty < x < \infty \end{cases}$$

の解を求めよ．

解 解の公式 (5.2.15) により，解は

$$u(x,t) = \frac{1}{\sqrt{4\pi t}} \int_{-\infty}^{\infty} e^{-y^2} e^{-\frac{(x-y)^2}{4t}} \, dy$$

となる．ここで

$$-y^2 - \frac{(x-y)^2}{4t} = -\left(1 + \frac{1}{4t}\right)\left(y - \frac{x}{4t+1}\right)^2 - \frac{x^2}{4t+1}$$

なので，

$$u(x,t) = \frac{1}{\sqrt{4\pi t}} e^{-\frac{x^2}{4t+1}} \int_{-\infty}^{\infty} e^{-\left(1 + \frac{1}{4t}\right)\left(y - \frac{x}{4t+1}\right)^2} \, dy$$

となる．そこで，

$$z = \sqrt{1 + \frac{1}{4t}}\left(y - \frac{x}{4t+1}\right)$$

とおいて置換積分を行うと

$$\int_{-\infty}^{\infty} e^{-\left(1 + \frac{1}{4t}\right)\left(y - \frac{x}{4t+1}\right)^2} \, dy = \sqrt{\frac{4t}{4t+1}} \int_{-\infty}^{\infty} e^{-z^2} \, dz = \sqrt{\frac{4t\pi}{4t+1}}$$

となるため，求める解は

$$u(x,t) = \frac{1}{\sqrt{4\pi t}} e^{-\frac{x^2}{4t+1}} \cdot \sqrt{\frac{4t\pi}{4t+1}} = \frac{1}{\sqrt{4t+1}} e^{-\frac{x^2}{4t+1}}$$

である． □

5.3　波動方程式

　本節では，1 次元波動方程式 (5.1.6) の解法について述べる．波動方程式は時間変数 t について 2 階の偏導関数を含んでいるため，特殊解を得るためには 2 つの初期条件が必要となる．熱方程式のときと同様に，ディリクレ境界条件を与えた初期値・境界値問題の解法について解説し，その後に初期値問題の解法について解説する．

5.3.1　波動方程式の初期値・境界値問題の解法

　次の問題について考える．

> ─ 初期値・境界値問題（II）─────────────
>
> 　波動方程式の初期値・境界値問題
>
> $$\begin{cases} \dfrac{\partial^2 u}{\partial t^2} - c^2 \dfrac{\partial^2 u}{\partial x^2} = 0, & 0 < x < \pi,\ t > 0, \\[2mm] u(x,0) = \varphi(x),\ \dfrac{\partial u}{\partial t}(x,0) = \psi(x), & 0 \leq x \leq \pi, \\[2mm] u(0,t) = u(\pi,t) = 0, & t > 0 \end{cases} \tag{5.3.1}$$
>
> の解 $u(x,t)$ を求めよ．ここで c は正定数であり，$\varphi(x)$ は $\varphi(0) = \varphi(\pi) = 0$ を満たすとする．

　$\varphi(x) \equiv 0$ かつ $\psi(x) \equiv 0$ の場合には，$u(x,t) \equiv 0$ が解となっているため，$\varphi(x) \not\equiv 0$ または $\psi(x) \not\equiv 0$ とする．熱方程式と同様に，変数分離法によって解を求める．そこで，解が

$$u(x,t) = X(x)T(t) \tag{5.3.2}$$

の形をしていると仮定する．

Step 1.（常微分方程式への書き換え）

　いま，$X(x) \equiv 0$ または $T(t) \equiv 0$ とすると $u(x,t) \equiv 0$ となるため，$\varphi(x) \not\equiv 0$ の場合には初期条件 $u(x,0) = \varphi(x)$ が満たされず，$\psi(x) \not\equiv 0$ の場合には初期条件 $\dfrac{\partial u}{\partial t}(x,0) = \psi(x)$ が満たされない．したがって，$X(x) \not\equiv 0$ かつ $T(t) \not\equiv 0$ で

ある. まず, (5.3.2) を (5.3.1) の第 1 式に代入すると

$$X(x)T''(t) - c^2 X''(x)T(t) = 0$$

を得る. これより, $X(x) \neq 0, T(t) \neq 0$ を満たす x, t に対して

$$\frac{T''(t)}{c^2 T(t)} = \frac{X''(x)}{X(x)}$$

を得るが, 左辺は t のみの関数, 右辺は x のみの関数なので, この両辺は定数でなければならない. そこで

$$\frac{T''(t)}{c^2 T(t)} = \frac{X''(x)}{X(x)} = \alpha$$

とおく. ここで α は定数である. これより, 2 つの常微分方程式

$$X''(x) = \alpha X(x) \tag{5.3.3}$$

および

$$T''(t) = c^2 \alpha T(t) \tag{5.3.4}$$

が得られる.

Step 2. ($X(x)$ についての常微分方程式を解く)

関数 $X(x)$ についての常微分方程式 (5.3.3) を解く. これは熱方程式の解法における $X(x)$ についての方程式と同じなので, 境界条件 $u(0,t) = u(\pi,t) = 0$ を満たすためには

$$\alpha = -\lambda^2 < 0, \ \lambda = n \quad (n = \pm 1, \pm 2, \cdots) \tag{5.3.5}$$

である必要があり, そのとき解 $X(x)$ は,

$$X(x) = C \sin nx \quad (n = 1, 2, 3, \cdots)$$

となる. ただし C は定数である.

Step 3. ($T(t)$ についての常微分方程式を解く)

関数 $T(t)$ についての常微分方程式 (5.3.4) を解く. Step 2 の (5.3.5) より $\alpha = -\lambda^2 = -n^2$ であるので, 常微分方程式 (5.3.4) は

$$T''(t) = -(cn)^2 T(t)$$

となる．この方程式の一般解は

$$T(t) = C_1' \cos cnt + C_2' \sin cnt$$

により与えられる．ただし C_1', C_2' は定数である．以上により，

$$u(x,t) = X(x)T(t) = C(C_1' \cos cnt + C_2' \sin cnt) \sin nx \quad (n = 1, 2, 3, \cdots)$$

となる．ここで初期条件 $u(x,0) = \varphi(x)$, $\dfrac{\partial u}{\partial t}(x,0) = \psi(x)$ より，

$$CC_1' \sin nx = \varphi(x), \quad CC_2' cn \sin nx = \psi(x)$$

でなければならないが，定数 C, C_1', C_2' をどのように選んでも，これらの等式は一般には成立しない．そこで A_n, B_n を $n = 1, 2, 3, \cdots$ に応じて決まる定数とし，関数 $u_n(x,t)$ を

$$u_n(x,t) = (A_n \cos cnt + B_n \sin cnt) \sin nx$$

とおく．$u_n(x,t)$ は波動方程式（(5.3.1) の第 1 式）を満たすため，熱方程式の解法と同様にして

$$u(x,t) = \sum_{n=1}^{\infty} u_n(x,t) = \sum_{n=1}^{\infty} (A_n \cos cnt + B_n \sin cnt) \sin nx \qquad (5.3.6)$$

とおくと，$u(x,t)$ も波動方程式を満たす．

Step 4. (フーリエ級数展開を用いた解の表示)

　初期条件を満たすように $A_1, A_2, \cdots$ および $B_1, B_2, \cdots$ の値を定める．そこで (5.3.6) に $t = 0$ を代入すると

$$u(x,0) = \sum_{n=1}^{\infty} A_n \sin nx$$

となる．また，(5.3.6) の両辺を t で偏微分してから $t = 0$ を代入すると

$$\frac{\partial u}{\partial t}(x,0) = \sum_{n=1}^{\infty} cnB_n \sin nx$$

となる．これより，初期条件を満たすためには

$$\varphi(x) = \sum_{n=1}^{\infty} A_n \sin nx$$

および

$$\psi(x) = \sum_{n=1}^{\infty} cnB_n \sin nx$$

を満たせばよい．これらの右辺は奇関数のフーリエ級数展開であるため，$\varphi(x)$ と $\psi(x)$ がともに奇関数であれば，A_n は $\varphi(x)$ のフーリエ係数，B_n は $\psi(x)$ のフーリエ係数から求められる．そこで，熱方程式の解法と同様にして，$\varphi(x)$, $\psi(x)$ を奇関数に拡張したものをそれぞれ $\widetilde{\varphi}(x)$, $\widetilde{\psi}(x)$ とする．このとき，係数 A_n, B_n はそれぞれ，

$$A_n = \frac{1}{\pi} \int_{-\pi}^{\pi} \widetilde{\varphi}(x) \sin nx \, dx = \frac{2}{\pi} \int_0^{\pi} \varphi(x) \sin nx \, dx,$$
$$cnB_n = \frac{1}{\pi} \int_{-\pi}^{\pi} \widetilde{\psi}(x) \sin nx \, dx = \frac{2}{\pi} \int_0^{\pi} \psi(x) \sin nx \, dx \tag{5.3.7}$$

により求められる．この A_n および cnB_n はそれぞれ $\varphi(x)$, $\psi(x)$ から決まるので，φ_n, ψ_n と書くことにする．すなわち，$\varphi_n = A_n$, $\psi_n = cnB_n$ とする．以上の議論により，(5.3.6), (5.3.7) から波動方程式の初期値・境界値問題の解が次のように得られる．

Point 5.5（波動方程式の初期値・境界値問題の解）

初期値・境界値問題

$$\begin{cases} \dfrac{\partial^2 u}{\partial t^2} - c^2 \dfrac{\partial^2 u}{\partial x^2} = 0, & 0 < x < \pi,\ t > 0, \\[2mm] u(x,0) = \varphi(x),\ \dfrac{\partial u}{\partial t}(x,0) = \psi(x), & 0 \leq x \leq \pi, \\[2mm] u(0,t) = u(\pi,t) = 0, & t > 0 \end{cases}$$

の解は

$$u(x,t) = \sum_{n=1}^{\infty} \varphi_n \cos cnt \sin nx + \sum_{n=1}^{\infty} \psi_n \frac{\sin cnt}{cn} \sin nx,$$
$$\varphi_n = \frac{2}{\pi} \int_0^{\pi} \varphi(x) \sin nx \, dx, \quad \psi_n = \frac{2}{\pi} \int_0^{\pi} \psi(x) \sin nx \, dx \tag{5.3.8}$$

で与えられる．

ここで，三角関数の積和公式を用いると，(5.3.8) は次のように書ける．

Point 5.6（波動方程式の初期値・境界値問題の解の別表示）

$$u(x,t) = \frac{1}{2}\sum_{n=1}^{\infty}\varphi_n\{\sin(n(x-ct)) + \sin(n(x+ct))\}$$

$$+ \frac{1}{2c}\sum_{n=1}^{\infty}\frac{\psi_n}{n}\{\cos(n(x-ct)) - \cos(n(x+ct))\} \tag{5.3.9}$$

最終的な解の表示式 (5.3.9) を見るとわかるように，波動方程式の解は速度 c で伝播する進行波と後退波の重ね合わせとなる．

注意 5.7 熱方程式と同様に，一般の $L > 0$ に対して $0 < x < L$ における波動方程式の初期値・境界値問題

$$\begin{cases} \dfrac{\partial^2 v}{\partial t^2} - c^2\dfrac{\partial^2 v}{\partial x^2} = 0, & 0 < x < L,\ t > 0, \\[2mm] v(x,0) = \phi(x),\ \dfrac{\partial v}{\partial t}(x,0) = \theta(x), & 0 \le x \le L, \\[2mm] v(0,t) = v(L,t) = 0, & t > 0 \end{cases} \tag{5.3.10}$$

の解 $v(x,t)$ も求めることができる．A を定数とし，初期値

$$\varphi(x) = A\phi\left(\frac{L}{\pi}x\right),\quad \psi(x) = \frac{LA}{\pi}\theta\left(\frac{L}{\pi}x\right)$$

に対する初期値・境界値問題 (5.3.1) の解を $u(x,t)$（つまり (5.3.9) の $u(x,t)$）とするとき，

$$v(x,t) = \frac{1}{A}u\left(\frac{\pi}{L}x, \frac{\pi}{L}t\right)$$

が (5.3.10) の解となる．ここで，熱方程式の初期値・境界値問題の場合（注意 5.4 を参照）と見比べると，$v(x,t)$ を $u(x,t)$ を用いて表示した際の t の係数が異なっていることが確認できる．これは，熱方程式と波動方程式とでは，方程式に含まれる t についての偏微分の階数が異なるためである．   ◇

5.3.2 波動方程式の初期値問題の解法

次の問題について考える.

初期値問題 (II)

波動方程式の初期値問題

$$
\begin{cases}
\dfrac{\partial^2 u}{\partial t^2} - c^2 \dfrac{\partial^2 u}{\partial x^2} = 0, & -\infty < x < \infty,\ t > 0, \\[2mm]
u(x,0) = \varphi(x),\ \dfrac{\partial u}{\partial t}(x,0) = \psi(x), & -\infty < x < \infty
\end{cases}
$$

の解 $u(x,t)$ を求めよ. ここで c は正定数である.

Step 1. (フーリエ変換を用いた常微分方程式への書き換え)

まず, 方程式および初期条件の両辺にフーリエ変換を施すと,

$$
\mathcal{F}\!\left[\frac{\partial^2 u}{\partial t^2}\right](\xi,t) = \frac{1}{\sqrt{2\pi}} \int_{-\infty}^{\infty} \frac{\partial^2 u}{\partial t^2}(x,t) e^{-ix\xi}dx = \frac{1}{\sqrt{2\pi}} \frac{\partial^2}{\partial t^2} \int_{-\infty}^{\infty} u(x,t) e^{-ix\xi}dx
$$

$$
= \frac{1}{\sqrt{2\pi}} \frac{\partial^2 \hat{u}}{\partial t^2}(\xi,t),
$$

$$
\mathcal{F}\!\left[\frac{\partial^2 u}{\partial x^2}\right](\xi,t) = -\xi^2 \hat{u}(\xi,t)
$$

および

$$
\mathcal{F}[u](\xi,0) = \int_{-\infty}^{\infty} u(x,0) e^{-ix\xi}dx = \int_{-\infty}^{\infty} \varphi(x) e^{-ix\xi}dx = \hat{\varphi}(\xi),
$$

$$
\mathcal{F}\!\left[\frac{\partial u}{\partial t}\right](\xi,0) = \int_{-\infty}^{\infty} \frac{\partial u}{\partial t}(x,0) e^{-ix\xi}dx = \int_{-\infty}^{\infty} \psi(x) e^{-ix\xi}dx = \hat{\psi}(\xi)
$$

より, 変数 t についての常微分方程式の初期値問題

$$
\begin{cases}
\dfrac{\partial^2 \hat{u}}{\partial t^2} + c^2 \xi^2 \hat{u} = 0, & t > 0, \\[2mm]
\hat{u}(\xi,0) = \hat{\varphi}(\xi), & \dfrac{\partial \hat{u}}{\partial t}(\xi,0) = \hat{\psi}(\xi)
\end{cases}
\tag{5.3.11}
$$

が得られる.

Step 2. (常微分方程式の解のフーリエ逆変換を計算)

常微分方程式 (5.3.11) の解は

$$\hat{u}(\xi, t) = \hat{\varphi}(\xi) \cos c\xi t + \hat{\psi}(\xi) \frac{\sin c\xi t}{c\xi}$$

となるため，この両辺にフーリエ逆変換を施すことで，

$$u(x, t) = \mathcal{F}^{-1}[\hat{\varphi}(\xi) \cos c\xi t](x) + \mathcal{F}^{-1}\left[\hat{\psi}(\xi) \frac{\sin c\xi t}{c\xi}\right](x)$$

$$= \frac{\partial}{\partial t} \mathcal{F}^{-1}\left[\hat{\varphi}(\xi) \frac{\sin c\xi t}{c\xi}\right](x) + \mathcal{F}^{-1}\left[\hat{\psi}(\xi) \frac{\sin c\xi t}{c\xi}\right](x)$$

が得られる．ここで，たたみ込みのフーリエ変換の性質（2.3 節参照）を用いれば，

$$u(x, t) = \frac{1}{\sqrt{2\pi}} \frac{\partial}{\partial t} \left(\varphi * \mathcal{F}^{-1}\left[\frac{\sin c\xi t}{c\xi}\right]\right) + \frac{1}{\sqrt{2\pi}} \left(\psi * \mathcal{F}^{-1}\left[\frac{\sin c\xi t}{c\xi}\right]\right)$$

$$= \frac{1}{\sqrt{2\pi}} \frac{\partial}{\partial t} \int_{-\infty}^{\infty} \varphi(y) \mathcal{F}^{-1}\left[\frac{\sin c\xi t}{c\xi}\right](x-y) dy$$

$$+ \frac{1}{\sqrt{2\pi}} \int_{-\infty}^{\infty} \psi(y) \mathcal{F}^{-1}\left[\frac{\sin c\xi t}{c\xi}\right](x-y) dy \qquad (5.3.12)$$

となるため，フーリエ逆変換 $\mathcal{F}^{-1}\left[\dfrac{\sin c\xi t}{c\xi}\right](x)$ が計算できれば，波動方程式 (5.3.11) の解を具体的に表示することができる．

Step 3. ($\frac{\sin c\xi t}{c\xi}$ のフーリエ逆変換を計算)

ここで

$$h(x, t) = \begin{cases} 1 & (|x| \leq ct \text{ のとき}) \\ 0 & (|x| > ct \text{ のとき}) \end{cases} = \begin{cases} 1 & (-ct \leq x \leq ct \text{ のとき}) \\ 0 & (x < -ct \text{ または } ct < x \text{ のとき}) \end{cases}$$

とおくと

$$\mathcal{F}[h](\xi, t) = \frac{1}{\sqrt{2\pi}} \int_{-\infty}^{\infty} h(x, t) e^{-ix\xi} dx = \frac{1}{\sqrt{2\pi}} \int_{-ct}^{ct} e^{-ix\xi} dx = \sqrt{\frac{2}{\pi}} \frac{\sin c\xi t}{\xi}$$

が得られる（例題 2.1 を参照せよ）．したがって，

$$\mathcal{F}^{-1}\left[\frac{\sin c\xi t}{c\xi}\right](x) = \frac{1}{c} \sqrt{\frac{\pi}{2}} h(x, t)$$

となる.

Step 4. (解の具体的な表示)

関数 $h(x,t)$ の定義より

$$h(x-y,t) = \begin{cases} 1 & (x - ct \leq y \leq x + ct \text{ のとき}) \\ 0 & (y < x - ct \text{ または } x + ct < y \text{ のとき}) \end{cases}$$

なので,

$$\frac{1}{\sqrt{2\pi}} \int_{-\infty}^{\infty} \psi(y) \mathcal{F}^{-1}\left[\frac{\sin c\xi t}{c\xi}\right](x - y)dy$$
$$= \frac{1}{2c} \int_{-\infty}^{\infty} \psi(y) h(x - y, t)dy = \frac{1}{2c} \int_{x-ct}^{x+ct} \psi(y)dy \tag{5.3.13}$$

となる. また,微分と積分の関係式

$$\frac{d}{dt} \int_0^t f(y)dy = f(t)$$

より,

$$\frac{1}{\sqrt{2\pi}} \frac{\partial}{\partial t} \int_{-\infty}^{\infty} \varphi(y) \mathcal{F}^{-1}\left[\frac{\sin c\xi t}{c\xi}\right](x - y)dy$$
$$= \frac{1}{2c} \frac{\partial}{\partial t} \int_{x-ct}^{x+ct} \varphi(y)dy = \frac{1}{2c} \frac{\partial}{\partial t} \left(\int_0^{x+ct} \varphi(y)dy - \int_0^{x-ct} \varphi(y)dy \right) \tag{5.3.14}$$
$$= \frac{1}{2}(\varphi(x + ct) + \varphi(x - ct))$$

となる. 以上の議論により,(5.3.12),(5.3.13),(5.3.14) から波動方程式の初期値問題の解が次のように得られる.

Point 5.7 (波動方程式の初期値問題の解)

初期値問題

$$\begin{cases} \dfrac{\partial^2 u}{\partial t^2} - c^2 \dfrac{\partial^2 u}{\partial x^2} = 0, & -\infty < x < \infty,\ t > 0, \\ u(x,0) = \varphi(x),\ \dfrac{\partial u}{\partial t}(x,0) = \psi(x), & -\infty < x < \infty \end{cases}$$

の解は

$$u(x,t) = \frac{1}{2}(\varphi(x + ct) + \varphi(x - ct)) + \frac{1}{2c}\int_{x-ct}^{x+ct}\psi(y)dy \qquad (5.3.15)$$

で与えられる．これを**ダランベールの公式**という．

ダランベールの公式による解 (5.3.15) が波動方程式の初期値問題を満たすことは，簡単な微積分の計算により確かめられる（章末問題とする）．

注意 5.8 前節の Point 5.5 における解も，ダランベールの公式と同じ表示で表すことができる．実際，関数 $\psi(x)$ のフーリエ級数展開

$$\psi(x) = \sum_{n=1}^{\infty}\psi_n \sin nx$$

から

$$\int_{x-ct}^{x+ct}\psi(y)dy = \sum_{n=1}^{\infty}\psi_n\int_{x-ct}^{x+ct}\sin ny\,dy$$
$$= \sum_{n=1}^{\infty}\frac{\psi_n}{n}\{\cos(n(x - ct)) - \cos(n(x + ct))\}$$

となることに注意すると，解の表示式 (5.3.9) がダランベールの公式 (5.3.15) と一致することがわかる． ◇

5.4 ラプラス方程式

本節では 2 次元ラプラス方程式 (5.1.4) の解法について述べる．座標平面内の領域は様々なものが考えられるが，ここでは長方形領域および円盤領域を考え，ディリクレ境界条件を与えた境界値問題の解法について解説する．また，時間変化を伴うラプラス方程式の境界値問題についても触れる．

5.4.1 長方形領域上のラプラス方程式の境界値問題の解法

次の問題について考える.

> ┌ 境界値問題 (I) ─────────────────
>
> 長方形領域におけるラプラス方程式の境界値問題
>
> $$\begin{cases} \dfrac{\partial^2 u}{\partial x^2} + \dfrac{\partial^2 u}{\partial y^2} = 0, & 0 < x < \pi,\ 0 < y < b, \\ u(0, y) = u(\pi, y) = 0, & 0 \le y \le b, \\ u(x, 0) = 0,\ u(x, b) = \varphi(x), & 0 \le x \le \pi \end{cases} \tag{5.4.1}$$
>
> の解 $u(x, y)$ を求めよ. ここで b は正定数であり, $\varphi(x)$ は $\varphi(0) = \varphi(\pi) = 0$ を満たすとする.

$\varphi(x) \equiv 0$ の場合には, $u(x, y) \equiv 0$ が解として得られるため, $\varphi(x) \not\equiv 0$ とする. 変数分離法によって解を求める. そこで, 解が

$$u(x, y) = X(x)Y(y) \tag{5.4.2}$$

の形をしていると仮定する.

Step 1. (常微分方程式への書き換え)

いま, $X(x) \equiv 0$ または $Y(y) \equiv 0$ とすると $u(x, t) \equiv 0$ となるため, 境界条件 $u(x, b) = \varphi(x)\ (\not\equiv 0)$ が満たされない. したがって $X(x) \not\equiv 0$ かつ $Y(y) \not\equiv 0$ である. (5.4.2) を (5.4.1) の第 1 式に代入すると

$$X''(x)Y(y) + X(x)Y''(y) = 0$$

を得る. これより $X(x) \ne 0,\ Y(y) \ne 0$ となる x, y に対して

$$\frac{X''(x)}{X(x)} = -\frac{Y''(y)}{Y(y)}$$

を得るが, 左辺は x のみの関数, 右辺は y のみの関数なので, この両辺は定数でなければならない. そこで

$$\frac{X''(x)}{X(x)} = -\frac{Y''(y)}{Y(y)} = \alpha$$

とおく．ここで α は定数である．これより，2つの常微分方程式

$$X''(x) = \alpha X(x) \tag{5.4.3}$$

および

$$Y''(y) = -\alpha Y(y) \tag{5.4.4}$$

が得られる．

Step 2. ($X(x)$ についての常微分方程式を解く)
　関数 $X(x)$ についての常微分方程式 (5.4.3) を解く．これは熱方程式のときの $X(x)$ についての方程式と同じなので，境界条件 $u(0, y) = u(\pi, y) = 0$ を満たすためには

$$\alpha = -\lambda^2 < 0, \quad \lambda = n \quad (n = \pm 1, \pm 2, \cdots) \tag{5.4.5}$$

である必要があり，そのとき解 $X(x)$ は

$$X(x) = C \sin nx \quad (n = 1, 2, 3, \cdots)$$

となる．

Step 3. ($Y(y)$ についての常微分方程式を解く)
　関数 $Y(y)$ についての常微分方程式 (5.4.4) を解く．Step 2 の (5.4.5) より $\alpha = -\lambda^2 = -n^2$ であるので，

$$Y''(y) = n^2 Y(y)$$

となる．この方程式の一般解は

$$Y(y) = C_1' e^{ny} + C_2' e^{-ny}$$

により与えられる．ただし C_1', C_2' は定数である．ここで境界条件 $u(x, 0) = 0$ より，$0 \leq x \leq \pi$ に対して

$$X(x)Y(0) = 0$$

となるが，$X(x) \not\equiv 0$ より $Y(0) = 0$ でなければならない．したがって

$$Y(0) = C_1' + C_2' = 0$$

である．これより $C_2' = -C_1'$ なので，

$$Y(y) = C_1'(e^{ny} - e^{-ny}) = 2C_1' \sinh ny$$

となる．ここで，$\sinh z = \dfrac{e^z - e^{-z}}{2}$ である．以上により，

$$u(x,y) = X(x)Y(y) = 2CC_1' \sin nx \sinh ny \quad (n = 1, 2, 3, \cdots)$$

となる．いま，境界条件 $u(x,b) = \varphi(x)$ より，

$$2CC_1' \sinh nb \sin nx = \varphi(x)$$

でなければならないが，定数 C, C_1' をどのように選んでもこの等式は一般には成立しない．そこで B_n を $n = 1, 2, 3, \cdots$ に応じて決まる定数とし，関数 $u_n(x,y)$ を

$$u_n(x,y) = B_n \sin nx \sinh ny$$

とおく．ラプラス方程式は線形偏微分方程式なので，

$$u(x,y) = \sum_{n=1}^{\infty} u_n(x,y) = \sum_{n=1}^{\infty} B_n \sin nx \sinh ny \tag{5.4.6}$$

とおくと，$u(x,y)$ もラプラス方程式（(5.4.1) の第 1 式）を満たす．

Step 4. (フーリエ級数展開を用いた解の具体的な表示)

境界条件 $u(x,b) = \varphi(x)$ を満たすように $B_1, B_2, \cdots$ の値を定める．そこで (5.4.6) に $y = b$ を代入すると

$$u(x,b) = \sum_{n=1}^{\infty} B_n \sinh nb \sin nx$$

となる．これより，境界条件を満たすためには

$$\varphi(x) = \sum_{n=1}^{\infty} B_n \sinh nb \sin nx$$

を満たせばよい．この右辺は奇関数のフーリエ級数展開であるため，$\varphi(x)$ が奇関数であれば，B_n は φ のフーリエ係数から求められる．そこで熱方程式の解法と同様にして，$\varphi(x)$ を奇関数に拡張したものを $\widetilde{\varphi}(x)$ とする．すると，係数 B_n は

$$B_n \sinh nb = \frac{1}{\pi} \int_{-\pi}^{\pi} \widetilde{\varphi}(x) \sin nx \, dx = \frac{2}{\pi} \int_0^{\pi} \varphi(x) \sin nx \, dx \tag{5.4.7}$$

により求められる. この $B_n \sinh nb$ は $\varphi(x)$ から決まるので, φ_n と書くことにする. すなわち, $\varphi_n = B_n \sinh nb$ とする. 以上の議論により, (5.4.6), (5.4.7) から長方形領域上のラプラス方程式の境界値問題の解が次のように得られる.

Point 5.8（長方形領域上のラプラス方程式の境界値問題の解）

長方形領域における境界値問題

$$
\begin{cases}
\dfrac{\partial^2 u}{\partial x^2} + \dfrac{\partial^2 u}{\partial y^2} = 0, & 0 < x < \pi,\ 0 < y < b, \\
u(0, y) = u(\pi, y) = 0, & 0 \leq y \leq b, \\
u(x, 0) = 0,\ u(x, b) = \varphi(x), & 0 \leq x \leq \pi
\end{cases}
$$

の解は

$$
u(x, y) = \sum_{n=1}^{\infty} \varphi_n \sin nx \, \frac{\sinh ny}{\sinh nb}, \quad \varphi_n = \frac{2}{\pi} \int_0^\pi \varphi(x) \sin nx \ dx \quad (5.4.8)
$$

で与えられる.

注意 5.9 一般に, $L > 0$, $H > 0$ に対して, 長方形領域 $\{(x, y) \mid 0 < x < L, 0 < y < H\}$ におけるラプラス方程式の境界値問題

$$
\begin{cases}
\dfrac{\partial^2 v}{\partial x^2} + \dfrac{\partial^2 v}{\partial y^2} = 0, & 0 < x < L,\ 0 < y < H, \\
v(0, y) = v(L, y) = 0, & 0 \leq y \leq H, \\
v(x, 0) = 0,\ v(x, H) = \psi(x), & 0 \leq x \leq L
\end{cases} \tag{5.4.9}
$$

の解 $v(x, y)$ も求めることができる. A を定数, $b = \dfrac{H}{L}\pi$ とし, 初期値

$$
\varphi(x) = A\psi\left(\frac{L}{\pi}x\right)
$$

に対する境界値問題 (5.4.1) の解を $u(x, y)$（つまり (5.4.8) の $u(x, y)$）とするとき,

$$
v(x, y) = \frac{1}{A}u\left(\frac{\pi}{L}x, \frac{\pi}{L}y\right)
$$

が (5.4.9) の解となる. $\diamondsuit$

5.4.2　円盤領域上のラプラス方程式の境界値問題の解法

次の問題について考える.

境界値問題（II）

円盤領域 $\Omega = \{(x,y) \mid x^2 + y^2 < a^2\}$ におけるラプラス方程式の境界値問題

$$\begin{cases} \dfrac{\partial^2 u}{\partial x^2} + \dfrac{\partial^2 u}{\partial y^2} = 0, & (x,y) \in \Omega, \\ u(x,y) = g(x,y), & (x,y) \in \partial\Omega \end{cases} \tag{5.4.10}$$

の解 $u(x,y)$ を求めよ. ただし, a は正定数であり, Ω の境界 $\partial\Omega$ は

$$\partial\Omega = \{(x,y) \mid x^2 + y^2 = a^2\}$$

で与えられる.

$g(x,y) \equiv 0$ の場合には, $u(x,y) \equiv 0$ が解として得られるため, $g(x,y) \not\equiv 0$ とする.

Step 1. (極座標変換を用いた方程式の書き換え)

考えている領域が円盤なので, 直交座標よりも極座標で考えた方が見通しが良い. そこで, 極座標変換

$$x = r\cos\theta, \quad y = r\sin\theta$$

を用いて,

$$U(r,\theta) = u(r\cos\theta, r\sin\theta), \quad \varphi(\theta) = g(a\cos\theta, a\sin\theta)\ (\not\equiv 0)$$

とおく ($U(r,\theta)$ と $\varphi(\theta)$ は, θ について周期 2π の周期関数となっている). すると, 合成関数の偏微分の計算により

$$\frac{\partial^2 U}{\partial r^2} + \frac{1}{r}\frac{\partial U}{\partial r} + \frac{1}{r^2}\frac{\partial^2 U}{\partial \theta^2} = \frac{\partial^2 u}{\partial x^2} + \frac{\partial^2 u}{\partial y^2}$$

が得られるため, ラプラス方程式

$$\frac{\partial^2 u}{\partial x^2} + \frac{\partial^2 u}{\partial y^2} = 0$$

は

$$\frac{\partial^2 U}{\partial r^2} + \frac{1}{r}\frac{\partial U}{\partial r} + \frac{1}{r^2}\frac{\partial^2 U}{\partial \theta^2} = 0$$

と書き換えられる．しかし，このままでは左辺が $r = 0$ で定義されないため，両辺に r^2 を乗じて

$$r^2\frac{\partial^2 U}{\partial r^2} + r\frac{\partial U}{\partial r} + \frac{\partial^2 U}{\partial \theta^2} = 0$$

としておく．また，$(x, y) \in \Omega$ は $0 \le r < a,\ 0 \le \theta < 2\pi$ と同値，$(x, y) \in \partial\Omega$ は $r = a$ と同値であり，$(a\cos\theta, a\sin\theta) \in \partial\Omega$ であることから

$$U(a, \theta) = u(a\cos\theta, a\sin\theta) = g(a\cos\theta, a\sin\theta) = \varphi(\theta)$$

となる．したがって，境界条件

$$u(x, y) = g(x, y), \quad (x, y) \in \partial\Omega$$

は

$$U(a, \theta) = \varphi(\theta)$$

と書き換えられる．以上により，円盤領域上のラプラス方程式 (5.4.10) は次のように書き換えられる．

円盤領域上のラプラス方程式の極座標表示

$$\begin{cases} r^2\dfrac{\partial^2 U}{\partial r^2} + r\dfrac{\partial U}{\partial r} + \dfrac{\partial^2 U}{\partial \theta^2} = 0, & 0 \le r < a,\ 0 \le \theta < 2\pi, \\ U(a, \theta) = \varphi(\theta), & 0 \le \theta < 2\pi \end{cases} \tag{5.4.11}$$

ただし，未知関数 $U(r, \theta)$ と境界値 $\varphi(\theta)$ は，θ について周期 2π の周期関数である．以下では，極座標変換後の方程式 (5.4.11) を解くことを考える．

Step 2. (常微分方程式への書き換え)

変数分離法によって解を求める．そこで，解が

$$U(r, \theta) = R(r)\Theta(\theta) \tag{5.4.12}$$

の形をしていると仮定する．いま，$R(r) \equiv 0$ または $\Theta(\theta) \equiv 0$ とすると $U(r, \theta) \equiv 0$ となるため，境界条件 $U(a, \theta) = \varphi(\theta)\ (\not\equiv 0)$ が満たされない．したがって，

$R(r) \not\equiv 0$ かつ $\Theta(\theta) \not\equiv 0$ である. また, $U(r, \theta)$ が θ について周期 2π の周期関数であることから, $\Theta(\theta)$ は周期 2π の周期関数である. (5.4.12) を (5.4.11) の第 1 式に代入すると

$$r^2 R''(r)\Theta(\theta) + rR'(r)\Theta(\theta) + R(r)\Theta''(\theta) = 0$$

を得る. これより $R(r) \neq 0$, $\Theta(\theta) \neq 0$ となる r, θ に対して

$$-\frac{r^2 R''(r) + rR'(r)}{R(r)} = \frac{\Theta''(\theta)}{\Theta(\theta)}$$

を得るが, 左辺は r のみの関数, 右辺は θ のみの関数なので, この両辺は定数でなければならない. そこで

$$-\frac{r^2 R''(r) + rR'(r)}{R(r)} = \frac{\Theta''(\theta)}{\Theta(\theta)} = \alpha$$

とおく. ここで α は定数である. これより, 2 つの常微分方程式

$$\Theta''(\theta) = \alpha\Theta(\theta) \tag{5.4.13}$$

および

$$r^2 R''(r) + rR'(r) = -\alpha R(r) \tag{5.4.14}$$

が得られる.

Step 3. ($\Theta(\theta)$ についての常微分方程式を解く)

関数 $\Theta(\theta)$ についての常微分方程式 (5.4.13) を解く. この方程式の一般解は, $\alpha = \lambda^2 > 0$ のとき

$$\Theta(\theta) = C_1 e^{\lambda\theta} + C_2 e^{-\lambda\theta}$$

$\alpha = 0$ のとき

$$\Theta(\theta) = C_1 + C_2\theta$$

$\alpha = -\lambda^2 < 0$ のとき

$$\Theta(\theta) = C_1 \cos\lambda\theta + C_2 \sin\lambda\theta$$

となる. ただし C_1, C_2 は定数である. いま, $\Theta(\theta)$ は周期 2π の周期関数なので,

$$\alpha = -\lambda^2 < 0, \quad \Theta(\theta) = C_1 \cos\lambda\theta + C_2 \sin\lambda\theta \tag{5.4.15}$$

でなければならず，さらに $\Theta(0) = \Theta(2\pi)$, $\Theta'(0) = \Theta'(2\pi)$ を満たさなければならない．なお，これ以上微分を行って同様の式を立てても，新しい関係式は得られない（例えば $\Theta''(0) = \Theta''(2\pi)$ は $\Theta(0) = \Theta(2\pi)$ と同値な式となる）．そこで，$\Theta(0) = \Theta(2\pi)$ および $\Theta'(0) = \Theta'(2\pi)$ を計算すると，

$$C_1 = C_1 \cos 2\pi\lambda + C_2 \sin 2\pi\lambda$$

および

$$\lambda C_2 = -\lambda C_1 \sin 2\pi\lambda + \lambda C_2 \cos 2\pi\lambda$$

が得られる．この 2 式を C_1, C_2 についての連立方程式とみなして行列で表示すると，

$$\begin{pmatrix} \cos 2\pi\lambda - 1 & \sin 2\pi\lambda \\ -\lambda \sin 2\pi\lambda & \lambda \cos 2\pi\lambda - \lambda \end{pmatrix} \begin{pmatrix} C_1 \\ C_2 \end{pmatrix} = \begin{pmatrix} 0 \\ 0 \end{pmatrix}$$

となる．したがって，もし

$$\begin{vmatrix} \cos 2\pi\lambda - 1 & \sin 2\pi\lambda \\ -\lambda \sin 2\pi\lambda & \lambda \cos 2\pi\lambda - \lambda \end{vmatrix} \neq 0$$

とすると，この行列は逆行列を持つので，

$$\begin{pmatrix} C_1 \\ C_2 \end{pmatrix} = \begin{pmatrix} \cos 2\pi\lambda - 1 & \sin 2\pi\lambda \\ -\lambda \sin 2\pi\lambda & \lambda \cos 2\pi\lambda - \lambda \end{pmatrix}^{-1} \begin{pmatrix} 0 \\ 0 \end{pmatrix} = \begin{pmatrix} 0 \\ 0 \end{pmatrix}$$

となる．これより $C_1 = C_2 = 0$ なので，(5.4.15) より $\Theta(\theta) \equiv 0$ となり不適である．よって

$$\begin{vmatrix} \cos 2\pi\lambda - 1 & \sin 2\pi\lambda \\ -\lambda \sin 2\pi\lambda & \lambda \cos 2\pi\lambda - \lambda \end{vmatrix} = 4\lambda \sin^2 \pi\lambda = 0$$

でなければならない．したがって，

$$\lambda = n \quad (n = 0, \pm 1, \pm 2, \cdots)$$

である．以上により，

$$\alpha = -\lambda^2, \quad \lambda = n \quad (n = 0, \pm 1, \pm 2, \cdots) \tag{5.4.16}$$

であり，そのとき (5.4.15) より解 $\Theta(\theta)$ は

$$\Theta(\theta) = C_1 \cos n\theta + C_2 \sin n\theta \quad (n = 0, 1, 2, 3, \cdots)$$

となる.

Step 4. ($R(r)$ についての常微分方程式を解く)

関数 $R(r)$ についての常微分方程式 (5.4.14) を解く. Step 3 の (5.4.16) より $\alpha = -\lambda^2 = -n^2$ であるので,

$$r^2 R''(r) + r R'(r) = n^2 R(r) \tag{5.4.17}$$

となる. これはオイラー型常微分方程式 (4.3.4 節を参照) である. そこで

$$r = e^t, \quad R(r) = R(e^t) = T(t) \tag{5.4.18}$$

とおくと, 合成関数の微分の計算から

$$T''(t) = e^{2t} R''(e^t) + e^t R'(e^t) = r^2 R''(r) + r R'(r) \tag{5.4.19}$$

となる. したがって, (5.4.17) に (5.4.18), (5.4.19) を代入することにより, $T(t)$ についての常微分方程式

$$T''(t) = n^2 T(t)$$

が得られる. この方程式の一般解は

$$T(t) = \begin{cases} \tilde{C}_1 + \tilde{C}_2 t & (n = 0 \text{ のとき}) \\ \tilde{C}_1 e^{nt} + \tilde{C}_2 e^{-nt} & (n = 1, 2, \cdots \text{ のとき}) \end{cases}$$

により与えられる. ただし $\tilde{C}_1, \tilde{C}_2$ は定数である. したがって, $t = \log r$ から

$$R(r) = T(\log r) = \begin{cases} \tilde{C}_1 + \tilde{C}_2 \log r & (n = 0 \text{ のとき}) \\ \tilde{C}_1 r^n + \tilde{C}_2 r^{-n} & (n = 1, 2, \cdots \text{ のとき}) \end{cases}$$

となる. しかし, $\log r$ および r^{-n} は $r = 0$ で定義されないため, $\tilde{C}_2 = 0$ でなければならない. よって

$$R(r) = \tilde{C}_1 r^n \quad (n = 0, 1, 2, \cdots)$$

となる. 以上により,

$$U(r, \theta) = R(r)\Theta(\theta) = \tilde{C}_1 r^n (C_1 \cos n\theta + C_2 \sin n\theta) \quad (n = 0, 1, 2, \cdots)$$

となる. ここで境界条件 $U(a, \theta) = \varphi(\theta)$ より,

$$\tilde{C}_1 a^n (C_1 \cos n\theta + C_2 \sin n\theta) = \varphi(\theta)$$

でなければならないが, 定数 C_1, C_2, $\tilde{C}_1$ をどのように選んでもこの等式は一般には成立しない. そこで A_n, B_n を $n = 0, 1, 2, \cdots$ に応じて決まる定数とし, 関数 $U_n(r, \theta)$ を

$$U_n(r, \theta) = r^n (A_n \cos n\theta + B_n \sin n\theta)$$

とおく. ラプラス方程式は線形偏微分方程式なので,

$$U(r, \theta) = \sum_{n=0}^{\infty} r^n (A_n \cos n\theta + B_n \sin n\theta) \tag{5.4.20}$$

とおくと, $U(r, \theta)$ もラプラス方程式 ((5.4.11) の第 1 式) を満たす.

Step 5. (フーリエ級数展開を用いた解の具体的な表示)

境界条件 $U(a, \theta) = \varphi(\theta)$ $(0 \le \theta < 2\pi)$ を満たすように $A_0, A_1, A_2, \cdots$ および $B_1, B_2, \cdots$ の値を定める ($n = 0$ のとき $\sin n\theta = 0$ なので, B_0 の値は必要ない). そこで (5.4.20) に $r = a$ を代入すると

$$U(a, \theta) = \sum_{n=0}^{\infty} a^n (A_n \cos n\theta + B_n \sin n\theta)$$
$$= A_0 + \sum_{n=1}^{\infty} a^n (A_n \cos n\theta + B_n \sin n\theta)$$

となる. これより, 境界条件を満たすためには

$$\varphi(\theta) = A_0 + \sum_{n=1}^{\infty} a^n (A_n \cos n\theta + B_n \sin n\theta)$$

を満たせばよい. これは $\varphi(\theta)$ のフーリエ級数展開であるため,

$$A_0 = \frac{1}{2\pi} \int_{-\pi}^{\pi} \varphi(\theta) d\theta$$

であり, $n = 1, 2, 3, \cdots$ に対して A_n および B_n は

$$a^n A_n = \frac{1}{\pi} \int_{-\pi}^{\pi} \varphi(\theta) \cos n\theta d\theta, \quad a^n B_n = \frac{1}{\pi} \int_{-\pi}^{\pi} \varphi(\theta) \sin n\theta d\theta \tag{5.4.21}$$

により求められる. これら A_0, $a^n A_n$ および $a^n B_n$ は $\varphi(x)$ から決まるので, それぞれ φ_0, $\varphi_{n,1}$, $\varphi_{n,2}$ と書くことにする. すなわち, $\varphi_0 = A_0$, $\varphi_{n,1} = a^n A_n$, $\varphi_{n,2} = a^n B_n$ とする. 以上の議論により, (5.4.20), (5.4.21) から円盤領域上のラプラス方程式の境界値問題の解が次のように得られる.

> **Point 5.9 (円盤領域上のラプラス方程式の境界値問題の解)**
> 円盤領域 $\Omega = \{(x,y) \mid x^2 + y^2 < a^2\}$ における境界値問題
> $$\begin{cases} \dfrac{\partial^2 u}{\partial x^2} + \dfrac{\partial^2 u}{\partial y^2} = 0, & (x,y) \in \Omega, \\ u(x,y) = g(x,y), & (x,y) \in \partial\Omega \end{cases}$$
> において極座標 $r = \sqrt{x^2 + y^2}$, $\theta = \arctan \dfrac{y}{x}$ を用いて
> $$U(r,\theta) = u(r\cos\theta, r\sin\theta), \quad \varphi(\theta) = g(a\cos\theta, a\sin\theta)$$
> とおくと, 解は
> $$u(x,y) = U(r,\theta) = \varphi_0 + \sum_{n=1}^{\infty} \frac{r^n}{a^n}(\varphi_{n,1}\cos n\theta + \varphi_{n,2}\sin n\theta),$$
> $$\varphi_0 = \frac{1}{2\pi}\int_{-\pi}^{\pi} \varphi(\theta)d\theta,$$
> $$\varphi_{n,1} = \frac{1}{\pi}\int_{-\pi}^{\pi} \varphi(\theta)\cos n\theta d\theta, \quad \varphi_{n,2} = \frac{1}{\pi}\int_{-\pi}^{\pi} \varphi(\theta)\sin n\theta d\theta$$
> で与えられる.

5.4.3 時間変化を伴うラプラス方程式の初期値・境界値問題の解法

次の問題について考える.

初期値・境界値問題 (III)

領域 $\Omega = \{(x, y) \mid -\infty < x < \infty, -b < y < 0\}$ における偏微分方程式の初期値・境界値問題

$$\begin{cases} \dfrac{\partial^2 \Phi}{\partial x^2} + \dfrac{\partial^2 \Phi}{\partial y^2} = 0, & (x, y) \in \Omega,\ t > 0, \\[2mm] \dfrac{\partial^2 \Phi}{\partial t^2} + \left(1 - a\dfrac{\partial^2}{\partial x^2}\right)\dfrac{\partial \Phi}{\partial y} = 0, & (x, y) \in \Gamma_0,\ t > 0, \\[2mm] \dfrac{\partial \Phi}{\partial y} = 0, & (x, y) \in \Gamma_b,\ t > 0, \\[2mm] \Phi(x, 0, 0) = \varphi(x),\ \dfrac{\partial \Phi}{\partial t}(x, 0, 0) = \psi(x),\ -\infty < x < \infty \end{cases} \tag{5.4.22}$$

の解 $\Phi(x, y, t)$ を求めよ. ここで a, b は正定数であり, Γ_0, Γ_b は次で定義される Ω の境界である.

$$\Gamma_0 = \{(x, 0) \mid -\infty < x < \infty\}, \quad \Gamma_b = \{(x, -b) \mid -\infty < x < \infty\}.$$

この問題は, 流体の基礎方程式から導かれる水の波の方程式と呼ばれる偏微分方程式に関連するものである. 水の波の方程式は非線形の方程式であるが, 振幅が小さいといった仮定の下で線形化を行うことで, (5.4.22) の形の連立方程式が導かれる (詳しくは参考文献 [金子 2] や [田中] などを参照されたい). 見てわかる通り, この方程式は領域 Ω 上ではラプラス方程式 (第 1 式) となっている. この問題の特徴は, 境界 Γ_0 (つまり $y = 0$) において時間変化を伴う境界条件 (第 2 式) が与えられている点である. それに応じて, $y = 0$ においては初期条件 (第 4 式) も与えている. 一方, 境界 Γ_b (つまり $y = -b$) ではノイマン境界条件 (第 3 式) が与えられている. 例えば底が平らな水槽に入った水の運動を考えたとき, 境界 Γ_0 は水面に対応し, 境界 Γ_b は水底に対応する. ここでは初期値・境界値問題 (5.4.22) の解法について述べる.

Step 1. (フーリエ変換を用いた方程式の書き換え)

まず, 未知関数 $\Phi(x,y,t)$ の x についてのフーリエ変換を $\hat{\Phi}(\xi,y,t)$ とする. つまり,

$$\hat{\Phi}(\xi,y,t) = \frac{1}{\sqrt{2\pi}} \int_{-\infty}^{\infty} \Phi(x,y,t)e^{-i\xi x}dx$$

である. そこで, (5.4.22) の各式の両辺にフーリエ変換を施すと, 変数 y, t についての微分方程式の初期値・境界値問題

$$\begin{cases} \dfrac{\partial^2 \hat{\Phi}}{\partial y^2} - \xi^2 \hat{\Phi} = 0, & -b < y < 0,\ t > 0, \\[2mm] \dfrac{\partial^2 \hat{\Phi}}{\partial t^2} + \big(1 + a\xi^2\big)\dfrac{\partial \hat{\Phi}}{\partial y} = 0, & y = 0,\ t > 0, \\[2mm] \dfrac{\partial \hat{\Phi}}{\partial y} = 0, & y = -b,\ t > 0, \\[2mm] \hat{\Phi}(\xi,0,0) = \hat{\varphi}(\xi),\ \dfrac{\partial \hat{\Phi}}{\partial t}(\xi,0,0) = \hat{\psi}(\xi) \end{cases} \tag{5.4.23}$$

が得られる.

Step 2. (y についての常微分方程式の境界値問題を解く)

方程式 (5.4.23) の第 1 式は変数 y についての常微分方程式なので解くことができ, 一般解は

$$\hat{\Phi}(\xi,y,t) = C_1(\xi,t)e^{\xi y} + C_2(\xi,t)e^{-\xi y}$$

となる. ここで $y = -b$ における境界条件 ((5.4.23) の第 3 式) により

$$0 = \frac{\partial \hat{\Phi}}{\partial y}(\xi,-b,t) = \xi(C_1(\xi,t)e^{-b\xi} - C_2(\xi,t)e^{b\xi})$$

となるため,

$$C_1(\xi,t)e^{-b\xi} = C_2(\xi,t)e^{b\xi}$$

である. そこで

$$w(\xi,t) = 2C_1(\xi,t)e^{-b\xi} = 2C_2(\xi,t)e^{b\xi}$$

とおくと,

$$\begin{aligned} \hat{\Phi}(\xi,y,t) &= w(\xi,t)\frac{e^{(y+b)\xi} + e^{-(y+b)\xi}}{2} \\ &= w(\xi,t)\cosh\{(y+b)\xi\} \end{aligned} \tag{5.4.24}$$

が得られる．ここで $\cosh z = \dfrac{e^z + e^{-z}}{2}$ である．

Step 3. (時間変化を伴う境界条件の初期値問題を解く)

Step 2 で得られた (5.4.24) を (5.4.23) の第 2 式に代入すると

$$\frac{\partial^2 w}{\partial t^2} \cosh(b\xi) + \big(1 + a\xi^2\big)\xi w \sinh(b\xi) = 0$$

となる．この両辺を $\cosh(b\xi)$ で割り,

$$c(\xi) = \sqrt{\left(\frac{1}{\xi} + a\xi\right)\tanh(b\xi)} \tag{5.4.25}$$

とおくと，変数 t についての常微分方程式

$$\frac{\partial^2 w}{\partial t^2} + (\xi c(\xi))^2 w = 0$$

が得られる．この方程式の一般解は

$$w(\xi, t) = A(\xi)\cos(\xi c(\xi)t) + B(\xi)\sin(\xi c(\xi)t) \tag{5.4.26}$$

である．ここで初期条件（(5.4.23) の第 4 式）により

$$\hat{\varphi}(\xi) = \hat{\Phi}(\xi, 0, 0) = w(\xi, 0)\cosh(b\xi) = A(\xi)\cosh(b\xi),$$
$$\hat{\psi}(\xi) = \frac{\partial \hat{\Phi}}{\partial t}(\xi, 0, 0) = B(\xi)\xi c(\xi)\cosh(b\xi)$$

となるため，(5.4.24) および (5.4.26) により

$$\hat{\Phi}(\xi, y, t) = \left(\hat{\varphi}(\xi)\cos(\xi c(\xi)t) + \hat{\psi}(\xi)\frac{\sin(\xi c(\xi)t)}{\xi c(\xi)}\right)\frac{\cosh\{(y + b)\xi\}}{\cosh(b\xi)}$$

が得られる．

Step 4. (フーリエ逆変換の計算)

最後に，Step 3 で得られた $\hat{\Phi}(\xi, y, t)$ をフーリエ逆変換する．そこで，

$$\phi(\xi, t) = \hat{\varphi}(\xi)\cos(\xi c(\xi)t) + \hat{\psi}(\xi)\frac{\sin(\xi c(\xi)t)}{\xi c(\xi)}$$

とおくと

$$\Phi(x,y,t) = \frac{1}{\sqrt{2\pi}} \int_{-\infty}^{\infty} \hat{\Phi}(\xi,y,t) e^{i\xi x} d\xi$$

$$= \frac{1}{\sqrt{2\pi}} \int_{-\infty}^{\infty} e^{i\xi x} \phi(\xi,t) \frac{\cosh\{(y+b)\xi\}}{\cosh(b\xi)} d\xi$$

となるが，オイラーの公式により

$$e^{i\xi x}\phi(\xi,t) = \frac{\hat{\varphi}(\xi)}{2}\left(e^{i\xi(x+c(\xi)t)} + e^{i\xi(x-c(\xi)t)}\right)$$

$$+ \frac{\hat{\psi}(\xi)}{2i\xi c(\xi)}\left(e^{i\xi(x+c(\xi)t)} - e^{i\xi(x-c(\xi)t)}\right)$$

と表されるため，時間変化を伴うラプラス方程式の初期値・境界値問題 (5.4.22) の解が次のように得られる．

時間変化を伴うラプラス方程式の初期値・境界値問題の解

$$\Phi(x,y,t) = \frac{1}{\sqrt{2\pi}} \int_{-\infty}^{\infty} \left\{ \frac{\hat{\varphi}(\xi)}{2}\left(e^{i\xi(x+c(\xi)t)} + e^{i\xi(x-c(\xi)t)}\right) \right.$$

$$\left. + \frac{\hat{\psi}(\xi)}{2i\xi c(\xi)}\left(e^{i\xi(x+c(\xi)t)} - e^{i\xi(x-c(\xi)t)}\right) \right\} \frac{\cosh\{(y+b)\xi\}}{\cosh(b\xi)} d\xi$$

この解は，フーリエ変換を用いて求めた熱方程式の初期値問題の解 (5.2.15) や波動方程式の初期値問題の解 (5.3.15) とは異なり，初期値 $\varphi(x)$, $\psi(x)$ のフーリエ変換を含む表示となっている．そのため，解の表示式としては間接的であるといえる．しかし，この表示式によって解の性質を知ることはできる．特に境界 $y=0$ では

$$\Phi(x,0,t) = \frac{1}{\sqrt{2\pi}} \int_{-\infty}^{\infty} \left\{ \frac{\hat{\varphi}(\xi)}{2}\left(e^{i\xi(x+c(\xi)t)} + e^{i\xi(x-c(\xi)t)}\right) \right.$$

$$\left. + \frac{\hat{\psi}(\xi)}{2i\xi c(\xi)}\left(e^{i\xi(x+c(\xi)t)} - e^{i\xi(x-c(\xi)t)}\right) \right\} d\xi$$

となり，解は速度 $c(\xi)$ で伝播する進行波と後退波の重ね合わせとなっていることがわかる．このような性質は波動方程式の解 (5.3.9) や (5.3.15) でも確認された．しかし，波動方程式の解の伝播速度（5.3 節を参照）は一定の値だったのに

対し，時間変化を伴うラプラス方程式の解の伝播速度は ξ に依存している．このような性質を「分散性」と呼び，ξ と伝播速度 $c = c(\xi)$ の関係式 (5.4.25) を「分散関係」という．例えば，初期値・境界値問題 (5.4.22) と関連する水の波の方程式からは，水面（境界 $y = 0$ に対応）を伝わる波の方程式としてコルテヴェーグ－ド・フリース（KdV）方程式

$$\frac{\partial u}{\partial t} = \frac{\partial^3 u}{\partial x^3} + u\frac{\partial u}{\partial x}$$

が導かれる（例えば [田中] を参照のこと）．KdV 方程式の線形化方程式

$$\frac{\partial u}{\partial t} = \frac{\partial^3 u}{\partial x^3}$$

は $u(x, t) = \sin\{\xi(x - \xi^2 t)\}$ を解として持つ．この解の分散関係は $c(\xi) = \xi^2$ であり，伝播速度は ξ に依存する．したがって，この解は分散性を持つ．このように，解が分散性を持つような線形偏微分方程式は「分散型方程式」と呼ばれる．

章末問題 （略解は p.206）

5-1 $u_1(x, y)$ と $u_2(x, y)$ が偏微分方程式

$$a_{11}\frac{\partial^2 u}{\partial x^2} + 2a_{12}\frac{\partial^2 u}{\partial x \partial y} + a_{22}\frac{\partial^2 u}{\partial y^2} + b_1\frac{\partial u}{\partial x} + b_2\frac{\partial u}{\partial y} + b_3 u = 0$$

の解であるとし，c_1, c_2 を定数とするとき，$c_1 u_1(x, y) + c_2 u_2(x, y)$ もこの偏微分方程式の解であることを確かめよ．

5-2 熱核 $E_c(x, t) = \dfrac{1}{\sqrt{4\pi ct}} e^{-\frac{x^2}{4ct}}$ が熱方程式

$$\frac{\partial E_c}{\partial t} - c\frac{\partial^2 E_c}{\partial x^2} = 0$$

を満たすことを確かめよ．また，$\lim\limits_{t \to +0} E_c(x, t) = \delta(x)$ となることを確かめよ．すなわち，

$$\lim_{t \to +0} E_c(x, t) = \begin{cases} \infty & (x = 0 \text{ のとき}) \\ 0 & (x \neq 0 \text{ のとき}) \end{cases}$$

を示せ．

5-3 熱方程式の初期値・境界値問題

$$\begin{cases} \dfrac{\partial u}{\partial t} - \dfrac{\partial^2 u}{\partial x^2} = 0, & 0 < x < \pi, \ t > 0, \\ u(x,0) = \varphi(x), & 0 \le x \le \pi, \\ u(0,t) = u(\pi,t) = 0, & t > 0 \end{cases}$$

の解を求めよ．ただし

$$\varphi(x) = \begin{cases} x & \left(0 \le x < \dfrac{\pi}{2} \ \text{のとき}\right) \\ \pi - x & \left(\dfrac{\pi}{2} \le x \le \pi \ \text{のとき}\right) \end{cases}$$

とする．

5-4 熱方程式の初期値・境界値問題

$$\begin{cases} \dfrac{\partial v}{\partial t} - \dfrac{\partial^2 v}{\partial x^2} = 0, & 0 < x < 1, \ t > 0, \\ v(x,0) = \psi(x), & 0 \le x \le 1, \\ v(0,t) = v(\pi,t) = 0, & t > 0 \end{cases}$$

の解を求めよ．ただし

$$\psi(x) = \begin{cases} x & \left(0 \le x < \dfrac{1}{2} \text{のとき}\right) \\ 1 - x & \left(\dfrac{1}{2} \le x \le 1 \ \text{のとき}\right) \end{cases}$$

とする．

5-5 熱方程式の初期値問題

$$\begin{cases} \dfrac{\partial u}{\partial t} - \dfrac{\partial^2 u}{\partial x^2} = 0, & -\infty < x < \infty, \ t > 0, \\ u(x,0) = e^{-x^2+x}, & -\infty < x < \infty \end{cases}$$

の解を求めよ．

5-6 2変数関数 $u(x,t)$ が $-\infty < x < \infty, \ t > 0$ において熱方程式

$$\frac{\partial u}{\partial t} - \frac{\partial^2 u}{\partial x^2} = 0$$

を満たしているとき，定数 a に対して $u_a(x,t) = a + u(x,t)$ とおくと，$u_a(x,t)$ も $t > 0,\ -\infty < x < \infty$ において同じ熱方程式を満たすことを示せ．また，このことを利用して，熱方程式の初期値問題

$$\begin{cases} \dfrac{\partial u}{\partial t} - \dfrac{\partial^2 u}{\partial x^2} = 0, & -\infty < x < \infty, \ t > 0, \\ u(x,0) = 1 + e^{-x^2}, & -\infty < x < \infty \end{cases}$$

の解を求めよ.

5-7　2 変数関数 $u(x,t) \neq 0$ が $-\infty < x < \infty,\ t > 0$ において熱方程式

$$\frac{\partial u}{\partial t} - \frac{\partial^2 u}{\partial x^2} = 0$$

を満たしているとき,

$$v(x,t) = \frac{2}{u(x,t)} \frac{\partial u}{\partial x}(x,t)$$

で定められる 2 変数関数 $v(x,t)$ はバーガース方程式

$$\frac{\partial v}{\partial t} - \frac{\partial^2 v}{\partial x^2} = v \frac{\partial v}{\partial x}$$

を満たすことを示せ. ただし, 偏微分の順序は交換可能であると仮定する.

5-8　前問を利用して, バーガース方程式の初期値問題

$$\begin{cases} \dfrac{\partial v}{\partial t} - \dfrac{\partial^2 v}{\partial x^2} = v \dfrac{\partial v}{\partial x}, & -\infty < x < \infty,\ t > 0, \\[3mm] v(x,0) = -\dfrac{4x}{1 + e^{x^2}}, & -\infty < x < \infty \end{cases}$$

の解を求めよ.

5-9　2 階微分可能関数 $\varphi(x)$ および微分可能関数 $\psi(x)$ に対して

$$u(x,t) = \frac{1}{2}(\varphi(x+ct) + \varphi(x-ct)) + \frac{1}{2c} \int_{x-ct}^{x+ct} \psi(y)dy$$

とおくとき, $u(x,t)$ は波動方程式の初期値問題

$$\begin{cases} \dfrac{\partial^2 u}{\partial t^2} - c^2 \dfrac{\partial^2 u}{\partial x^2} = 0, & -\infty < x < \infty,\ t > 0, \\[3mm] u(x,0) = \varphi(x),\ \dfrac{\partial u}{\partial t}(x,0) = \psi(x), & -\infty < x < \infty \end{cases}$$

を満たすことを確かめよ.

5-10　波動方程式の初期値・境界値問題

$$\begin{cases} \dfrac{\partial^2 u}{\partial t^2} - \dfrac{\partial^2 u}{\partial x^2} = 0, & 0 < x < \pi,\ t > 0, \\[3mm] u(x,0) = 0,\ \dfrac{\partial u}{\partial t}(x,0) = \pi x - x^2, & 0 \leq x \leq \pi, \\[3mm] u(0,t) = u(\pi,t) = 0, & t > 0 \end{cases}$$

の解を求めよ.

5-11 波動方程式の初期値・境界値問題

$$\begin{cases} \dfrac{\partial^2 v}{\partial t^2} - \dfrac{\partial^2 v}{\partial x^2} = 0, & 0 < x < 1,\ t > 0, \\[2mm] v(x,0) = 0,\ \dfrac{\partial v}{\partial t}(x,0) = x - x^2, & 0 \le x \le 1, \\[2mm] v(0,t) = u(1,t) = 0, & t > 0 \end{cases}$$

の解を求めよ.

5-12 波動方程式の初期値問題

$$\begin{cases} \dfrac{\partial^2 u}{\partial t^2} - \dfrac{\partial^2 u}{\partial x^2} = 0, & -\infty < x < \infty,\ t > 0, \\[2mm] u(x,0) = 0,\ \dfrac{\partial u}{\partial t}(x,0) = \dfrac{1}{1 + x^2}, & -\infty < x < \infty \end{cases}$$

の解を求めよ.

5-13 2 変数関数 $u(x,t)$ が $-\infty < x < \infty,\ t > 0$ において波動方程式

$$\frac{\partial^2 u}{\partial t^2} - \frac{\partial^2 u}{\partial x^2} = 0$$

を満たしているとき,

$$u(x,t) = v(x+t, x-t)$$

により定まる 2 変数関数 $v(\xi, \eta)$ は $-\infty < \xi < \infty,\ -\infty < \eta < \infty$ において偏微分方程式

$$\frac{\partial^2 v}{\partial \xi \partial \eta} = 0$$

を満たすことを示せ. ただし, 偏微分の順序は交換可能であると仮定する.

5-14 2 変数関数 $u(x,t)$ が $0 < x < L,\ t > 0$ において波動方程式

$$\frac{\partial^2 u}{\partial t^2} - \frac{\partial^2 u}{\partial x^2} = 0$$

を満たし, $t > 0$ において境界条件

$$\frac{\partial u}{\partial x}(0,t) = \frac{\partial u}{\partial x}(L,t), \quad \frac{\partial u}{\partial t}(0,t) = \frac{\partial u}{\partial t}(L,t)$$

を満たしているとする. このとき,

$$E(t) = \frac{1}{2} \int_0^L \left(\frac{\partial u}{\partial t}(x,t) \right)^2 dx + \frac{1}{2} \int_0^L \left(\frac{\partial u}{\partial x}(x,t) \right)^2 dx$$

とおくと, $E(t)$ は t に依存しないことを示せ. すなわち, $t > 0$ に対して $E'(t) = 0$ が成り立つことを示せ. ただし, x についての積分と t についての微分は交換可能であり, 偏微分の順序も交換可能であると仮定する.

5-15 ラプラス方程式の境界値問題

$$\begin{cases} \dfrac{\partial^2 u}{\partial x^2} + \dfrac{\partial^2 u}{\partial y^2} = 0, & 0 < x < \pi,\ 0 < y < 1, \\ u(0, y) = u(\pi, y) = 0, & 0 \le y \le 1, \\ u(x, 0) = 0,\ u(x, 1) = \pi x - x^2, & 0 \le x \le \pi \end{cases}$$

の解を求めよ.

5-16 円盤領域 $\Omega = \{(x, y) \mid x^2 + y^2 < 1\}$ におけるラプラス方程式の境界値問題

$$\begin{cases} \dfrac{\partial^2 u}{\partial x^2} + \dfrac{\partial^2 u}{\partial y^2} = 0, & (x, y) \in \Omega, \\ u(x, y) = x^3 - y^3, & (x, y) \in \partial\Omega \end{cases}$$

において

$$U(r, \theta) = u(r\cos\theta, r\sin\theta) \quad (0 < r \le 1,\ 0 \le \theta < 2\pi)$$

とおくとき,解 $U(r, \theta)$ を求めよ.

5-17 定数 m に対して,偏微分方程式

$$\frac{\partial^2 u}{\partial t^2} - \frac{\partial^2 u}{\partial x^2} + m^2 u = 0$$

をクライン – ゴルドン方程式と呼ぶ.この方程式の分散関係を求めよ.すなわち,

$$u(x, t) = \sin\{\xi(x - ct)\}$$

がクライン – ゴルドン方程式の解であるとき,c を ξ の式で表せ.ただし,$\xi \ne 0$ とし,c は正であるとする.

5-18 2 変数関数 $u(x, t)$ が熱方程式の初期値問題

$$\begin{cases} \dfrac{\partial u}{\partial t} = c\dfrac{\partial^2 u}{\partial x^2}, & -\infty < x < \infty,\ t > 0, \\ u(x, 0) = \varphi(x), & -\infty < x < \infty \end{cases}$$

を満たしているとする.ただし,$c > 0$ とする.また,$u(x, t)$ の t についてのラプラス変換を $U_s(x)$ とする.つまり

$$U_s(x) = \mathcal{L}[u(x, t)](s) = \int_0^\infty u(x, t)e^{-st}dt \quad (s > 0)$$

とする.このとき,$U_s(x)$ が満たすべき常微分方程式を求めよ.ただし,x についての微分と t についての積分は交換可能であると仮定する.

5-19 前問を利用し，熱方程式の初期値問題

$$\begin{cases} \dfrac{\partial u}{\partial t} = \dfrac{\partial^2 u}{\partial x^2}, & -\infty < x < \infty,\ t > 0, \\ u(x,0) = \cos x, & -\infty < x < \infty \end{cases}$$

の解を求めよ．ただし，$u(x,t)$ のラプラス変換 $U_s(x)$ は有界関数であるとしてよい．つまり，s のみに依存したある正定数 M_s に対し，

$$|U_s(x)| \leq M_s$$

がすべての実数 x に対して成立していることを仮定してよい．

第6章 微分方程式の数値解法

　第4章と第5章では，解となる関数が具体的に求まる微分方程式を学習した．しかし，一般に微分方程式は解が求まるとは限らない．そのような場合における解の振る舞いなどを調べるためには，数値計算（シミュレーション）が有効に働く．本章では，第4章と第5章で学んだ微分方程式を題材として，主に差分近似を用いた数値解法の基礎を学ぶ．コンピュータを用いて計算するというと，どんな偏微分方程式に対しても，いくらでも解を計算できると思う読者もいるかもしれないが，コンピュータには得意不得意が存在する．例えば，コンピュータで扱える数は有限に限られる．そのため，これまで本書で考えていたような連続的な区間で定義された関数を扱うことができない．さらにはコンピュータは極限操作ができないため，厳密な意味で微分・積分を考えることができない．一方で，厳密解が求まらない微分方程式も，数値計算を用いることで近似解を得ることができ，グラフを出力する（描画する）ことで可視化できるという大きな利点がある．ここではコンピュータを用いた数値計算における計算精度や細かい誤差についてはあえて触れず，微分方程式の基本的な数値解法やその理論について説明していく．本章では $|h|$ が十分小さいとき，$\mathcal{O}(h)$ は h と同程度，あるいは h より小さい量を表すこととする．なお，本章の例題はコンピュータを用いて計算することを前提とする．その際，プログラミング言語の種類は問わないが，本書では MATLAB を用いたプログラム例を載せる．ただし例題 6.1 以外の例は，本書のウェブサイトで公開する資料などを参照のこと．

6.1 関数の微分と差分近似

　関数 $f(x)$ は滑らかであるとする．このとき，$f(x)$ の微分

$$f'(x) = \lim_{h \to 0} \frac{f(x+h) - f(x)}{h}$$

は極限操作を用いているため，コンピュータで厳密には計算できない．したがって，導関数を近似値で表現する必要がある．このとき，絶対値が十分小さい $h > 0$

に対して,

$$f'(x) \approx \frac{f(x+h) - f(x)}{h} \tag{6.1.1}$$

を 1 階の導関数の **1 階前進差分近似**という. ここで, $A \approx B$ は A と B の差が十分小さいことを表す. 同様に,

$$f'(x) \approx \frac{f(x) - f(x-h)}{h} \tag{6.1.2}$$

を **1 階後退差分近似**という. いま, $|h|$ は十分小さいとして $f(x)$ のテイラー展開を考えると,

$$f(x+h) - f(x) = hf'(x) + \frac{h^2}{2!}f''(x) + \frac{h^3}{3!}f'''(x) + \cdots, \tag{6.1.3}$$

$$f(x-h) - f(x) = -hf'(x) + \frac{h^2}{2!}f''(x) - \frac{h^3}{3!}f'''(x) + \cdots \tag{6.1.4}$$

である. ここで, 両辺を h で割った後に h 以降の項を打ち切ることで, 前進差分近似の式 (6.1.1) と後退差分近似の式 (6.1.2) が得られる. したがって, 1 階差分近似の誤差の大きさは $\mathcal{O}(h)$ であることがわかる. また, テイラー展開 (6.1.3) と (6.1.4) の辺々を引き, 両辺を $2h$ で割った後に h^2 以降の項を打ち切ることで近似式

$$f'(x) \approx \frac{f(x+h) - f(x-h)}{2h}$$

が得られる. これを 1 階中心差分近似と呼ぶ. この近似の誤差は $\mathcal{O}(h^2)$ であり, 前進差分近似, 後退差分近似と比べると中心差分近似が最も誤差が小さい. 同様に (6.1.3) と (6.1.4) の辺々を加え, 両辺を h^2 で割った後に h^2 以降の項を打ち切ることで, 近似式

$$f''(x) \approx \frac{f(x+h) - 2f(x) + f(x-h)}{h^2}$$

を得る. これを **2 階中心差分近似**という. この近似の誤差も $\mathcal{O}(h^2)$ である.

　次節以降では, 本節で定義した差分近似を用いた微分方程式の数値解法について述べる. また, 常微分方程式の未知関数を y, 偏微分方程式の未知関数を u で表す. これらは, 差分を用いた際の誤差が十分小さくなるような滑らかさを持つと仮定する.

6.2　常微分方程式に対する数値解法

本節では 1 階および 2 階の常微分方程式に対する数値解法を学ぶ.

6.2.1　1 階常微分方程式に対する数値解法

1 階常微分方程式の初期値問題

$$\begin{cases} y'(x) = F(x, y(x)), & x > a, \\ y(a) = y_0 \end{cases} \tag{6.2.1}$$

の区間 $a \le x \le b$ 上での近似解を求める. 区間 $a \le x \le b$ を各点間の幅が h となるように n 等分し, $a = x_0 < x_1 < \cdots < x_n < x_{n+1} = b$ とおく (すなわち, $x_{i+1} - x_i = h$). 各点 x_i $(i = 0, 1, 2, \cdots, n)$ に対して, 1 階前進差分近似

$$y'(x_i) \approx \frac{y(x_i + h) - y(x_i)}{h}$$

を (6.2.1) 式に適用して式変形すると, 各点の近似値 $Y_i = y(x_i)$ は

$$Y_{i+1} = Y_i + hF(x_i, Y_i) \quad (i = 0, 1, 2, \cdots, n) \tag{6.2.2}$$

で求めることができる. また, (6.2.2) 式を反復して得られた点 (x_i, Y_i) を直線や曲線で結んでいくことで, 求めたい常微分方程式の近似解のグラフを描画することができる. この (6.2.2) 式を用いた数値解法を**オイラー法**という. オイラー法で求まる点 Y_n と厳密解との誤差 $|y(b) - Y_n|$ の大きさは $\mathcal{O}(h)$ である.

例題 6.1 (ネイピア数の近似値)

常微分方程式の初期値問題

$$\begin{cases} y' = y, & 0 < x \le 1, \\ y(0) = 1 \end{cases}$$

に対して $0 \le x \le 1$ 上でオイラー法を適用し, ネイピア数 e の近似値を小数第 15 位まで求めよ. なお, オイラー法を用いる際の分割幅は $h = 1/50$, $1/500, 1/5000$ とせよ. また, この方程式の厳密解 $y = e^x$ に対して, $y(1) = e = 2.718281828459045\cdots$ とオイラー法で得られた e の近似値 $\tilde{y}$ との誤差 $|y(1) - \tilde{y}|$ を小数第 15 位まで求めよ.

解 区間 $0 \leq x \leq 1$ を $n = 1/h$ 等分し, $0 = x_0 < x_1 < \cdots < x_n < x_{n+1} = 1$, $Y_i = y(x_i)$ $(i = 0, 1, \cdots, n)$ とおく. 与えられた微分方程式の左辺に 1 階前進差分近似を適用すると,

$$\frac{y(x_i + h) - y(x_i)}{h} = y(x_i) \tag{6.2.3}$$

となる. このとき (6.2.3) を変形すると,

$$Y_{i+1} = (1 + h)Y_i$$

となる. 各 h に対してこれをコンピュータで反復計算することで, 表 6.1 の結果が得られる. □

表 6.1 例題 6.1 の結果

分割数	得られた近似値 $\tilde{y}$	e との誤差 $|y(1) - \tilde{y}|$
$h = 1/50$	2.691588029073605	0.026693799385440
$h = 1/500$	2.715568520651728	0.002713307807317
$h = 1/5000$	2.718010050101859	0.000271778357186

$h = 1/50$ のときの MATLAB のプログラムは次のようになる.

─ 例題 6.1 の MATLAB のプログラム ─

```
h = 1/50;    % 分割幅
a = 0;    % 区間の左端
b = 1;    % 区間の右端
N = (b - a)/h;   % 分割数
y = zeros(N+1,1);   % 配列の定義
y(1) = 1;   % 初期値

% 反復式の実行
for i = 1 : N
    y(i+1) = y(i) + h*y(i);
end

format long
disp(y(N+1))
disp(abs(y(N+1) - exp(1)))
```

注意 6.1 表 6.1 から，h の値が $1/10$ 倍されたとき，オイラー法で得られた近似値と実際のネイピア数 e との誤差もおよそ $1/10$ 倍となっていることが確認できる．　　　　　　　　　　　　　　　　　　　　　　　　　　　　　　　　◇

　オイラー法より近似精度が高い解法として，**ホイン法**や**ルンゲ – クッタ法**が知られている．これらはオイラー法で用いた差分近似を，誤差が更に小さくなるように改良した計算方法である．ホイン法は誤差の大きさが $\mathcal{O}(h^2)$ となる計算方法で，

$$\begin{cases} Y_{i+1} = Y_i + h\phi(x_i, Y_i) & (i = 0, 1, 2, \cdots, n) \\ \phi(x_i, Y_i) = \dfrac{1}{2}(F(x_i, Y_i) + F(x_{i+1}, Y_i + hF(x_i, Y_i))) \end{cases}$$

で与えられる．さらに精度のよいルンゲ – クッタ法は，

$$\begin{cases} Y_{i+1} = Y_i + h\phi(x_i, Y_i) & (i = 0, 1, 2, \cdots, n) \\ \phi(x_i, Y_i) = \dfrac{1}{6}(k_1 + 2k_2 + 2k_3 + k_4) \end{cases}$$

で与えられる．ただし，

$$\begin{cases} k_1 = F(x_i, Y_i) \\ k_2 = F\left(x_i + \dfrac{h}{2}, Y_i + \dfrac{h}{2}k_1\right) \\ k_3 = F\left(x_i + \dfrac{h}{2}, Y_i + \dfrac{h}{2}k_2\right) \\ k_4 = F(x_i + h, Y_i + hk_3) \end{cases}$$

である．ルンゲ – クッタ法の計算量はオイラー法やホイン法よりも増えるが，誤差の大きさが $\mathcal{O}(h^4)$ となる計算方法である．

例題 6.2 (ロジスティック方程式)

常微分方程式の初期値問題

$$\begin{cases} y' = y\left(1 - \dfrac{y}{10}\right), & 0 < x \le 8, \\ y(0) = 1 \end{cases}$$

に対して，分割数 $n = 20$ としてオイラー法とホイン法をそれぞれ適用し，近似解のグラフを描画せよ．さらに，厳密解

$$y = \frac{10}{1 + 9e^{-x}}$$

のグラフと比較せよ．

解 実際にコンピュータでグラフを出力すると，図 6.1 のようになる．　　　　　□

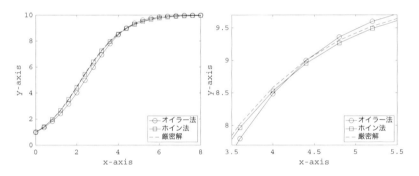

図 6.1　例題 6.2 においてオイラー法とホイン法を用いて得られた近似解（左）とその拡大図（右）

注意 6.2 図 6.1 を見ると，ホイン法を用いて得られた近似解のグラフの方がオイラー法を用いて得られた近似解のグラフよりも，厳密解に近い値となっていることがわかる．　　　　　　　　　　　　　　　　　　　　　　　　　　◇

例題 6.3 (連立微分方程式)

連立常微分方程式の初期値問題

$$\begin{cases} \dfrac{dx}{dt} = y, & 0 < t \le 8, \\ \dfrac{dy}{dt} = -x, & 0 < t \le 8, \\ x(0) = 1, \quad y(0) = 0 \end{cases} \tag{6.2.4}$$

に対して，分割数 $n = 100$ としてオイラー法，ホイン法，ルンゲ – クッタ法
をそれぞれ適用し，$(x(t), y(t))$ の近似解の解曲線を描画せよ．

解 区間 $0 \le t \le 8$ を $n = 1/h$ 等分し，$0 = t_0 < t_1 < \cdots < t_n < t_{n+1} = 8$，
$X_i = x(t_i)$，$Y_i = y(t_i)$ $(i = 0, 1, \cdots, n + 1)$ とおく．微分方程式 (6.2.4) の左辺
に 1 階前進差分近似を適用し，変形すると

$$\begin{cases} X_{i+1} = hY_i + X_i, \\ Y_{i+1} = hX_i + Y_i, \\ X_0 = 1, \quad Y_0 = 0 \end{cases}$$

となり，オイラー法が適用できる．同様にホイン法，ルンゲ – クッタ法を適用
し，解曲線を出力すると，図 6.2 のようになる． □

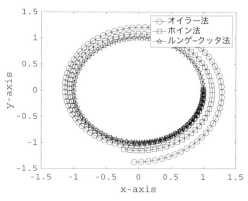

図 6.2 例題 6.3 の解曲線

注意 6.3 例題 6.3 の厳密解は $x = \cos t$，$y = -\sin t$ であり，この解曲線を xy
平面に描画すると円となる．図 6.2 を見ると，ルンゲ – クッタ法を用いて描画し

た解曲線が最も精度がよく，オイラー法やホイン法の解曲線は，誤差の影響で，円軌道から少しずつずれていることが確認できる． ◇

例題 6.4 (ローレンツ方程式)

常微分方程式系の初期値問題

$$\begin{cases} \dfrac{dx}{dt} = -px + py, & 0 < t \leq 100, \\[2mm] \dfrac{dy}{dt} = -xz + rx - y, & 0 < t \leq 100, \\[2mm] \dfrac{dz}{dt} = xy - bz, & 0 < t \leq 100, \\[2mm] x(0) = y(0) = z(0) = 1 \end{cases}$$

に対して，分割数 $n = 100000, p = 10, r = 28, b = 8/3$ としてルンゲ–クッタ法を適用し，$(x(t), y(t), z(t))$ の近似解の解曲線を描画せよ．

解 実際にコンピュータで解曲線を出力すると，図 6.3 のようになる． □

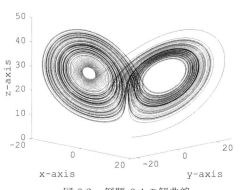

図 6.3 例題 6.4 の解曲線

注意 6.4 例題 6.4 において，初期値 $x(0) = 1$ の代わりに $x(0) = 1.001$ ととると，(x, y, z) の解曲線は図 6.4 のようになる．

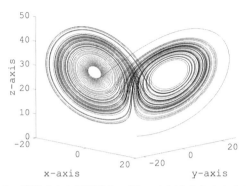

図 6.4 例題 6.4 の初期値を $x(0) = 1.001$ としたときの解曲線

図 6.3 と図 6.4 を見比べると，どちらの解曲線も似通った「8 の字」のような軌道になっていることが確認できる．これは，ローレンツ方程式の解が 2 つの（円形のような）曲面の周囲に引き付けられているためである．この曲面のように，解を引きつける性質を持った集合をアトラクターと呼ぶ．例えば，例題 6.4 の初期値を大きく変えて $x(0) = 20$, $y(0) = -50$, $z(0) = -20$ としても，図 6.5 のように 8 の字のような解曲線が確認できる．なお，ローレンツ方程式の解曲線は自身と交点を持たず，周期性を持たないことが知られている． ◇

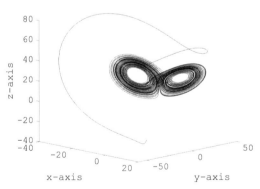

図 6.5 初期値を大きく変化させたときの解軌道

注意 6.5 上述のように，図 6.3 と図 6.4 は似通った曲線となっているため，初期値を $(x(0), y(0), z(0)) = (1, 1, 1)$ とした解と $(x(0), y(0), z(0)) = (1.001, 1, 1)$ とした解の差は小さいと思われるかもしれない．しかし，実際に t を分割した各ステップにおける解 x の値の差をグラフに表すと，図 6.6 のようになる．

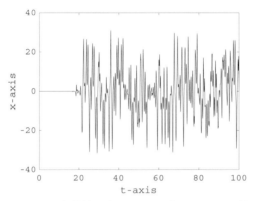

図 6.6 　初期値を変化させたときの $x(t)$ の誤差

このグラフを見ると，初期値の変化は僅かであっても，解の差は大きくなっていることがわかる．このような現象はカオスと呼ばれている．　　　　　　　　◇

6.2.2 　2 階常微分方程式に対する数値解法

2 階常微分方程式の初期値問題

$$\begin{cases} y''(x) + p(x)y'(x) + q(x)y(x) = r(x), \\ y(a) = \alpha_1, \quad y'(a) = \alpha_2 \end{cases}$$

に対して，$y_1(x) = y(x)$, $y_2(x) = y'(x)$ とおくと，1 階連立常微分方程式

$$\begin{cases} y_1'(x) = y_2(x), \\ y_2'(x) = -p(x)y_2(x) - q(x)y_1(x) + r(x), \\ y_1(a) = \alpha_1, \quad y_2(a) = \alpha_2 \end{cases}$$

に書き直せる．この式にオイラー法などの数値解法を適用することで，2 階常微分方程式に対しても，近似解を求めることができる．また，同様の手法を用いる

ことで，一般の n 階常微分方程式の初期値問題の近似解も求めることができる.

例題 6.5 (ファン・デル・ポール方程式)

常微分方程式

$$\begin{cases} y'' - \mu(1 - y^2)y' + y = 0, & 0 < x \le 8, \\ y(0) = 1, \quad y'(0) = 0 \end{cases}$$

を 1 階連立常微分方程式に書き換え，$\mu = 0.5$, 分割数 $n = 50$ としてオイラー法を適用し，近似解のグラフを描画せよ.

解 $y_1 = y$, $y_2 = y'$ とおくと，与えられた微分方程式は,

$$\begin{cases} y_1' = y_2, \\ y_2' = \mu(1 - y_1^2)y_2 - y_1 \end{cases}$$

と変形できる. そこで，$y_j(x_i) = Y_i^{(j)}$ $(i = 0, \cdots, n+1,\ j = 1, 2)$ としてオイラー法を適用すると,

$$\begin{cases} Y_{i+1}^{(1)} = Y_i^{(1)} + hY_i^{(2)}, \\ Y_{i+1}^{(2)} = h\left(\mu\left(1 - Y_i^{(1)^2}\right) - Y_i^{(1)}\right) + Y_i^{(2)} \end{cases}$$

となる. これをコンピュータで計算させると，図 6.7 のようになる. 　　　□

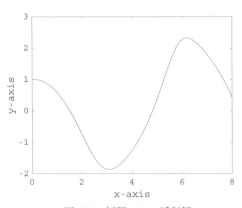

図 6.7　例題 6.5 の近似解

次に常微分方程式の境界値問題に関する数値解法を扱う．区間 $a \leq x \leq b$ 上で定義された 2 階常微分方程式におけるディリクレ境界値問題

$$\begin{cases} y''(x) + p(x)y'(x) + q(x)y(x) = r(x), \\ y(a) = \alpha, \quad y(b) = \beta \end{cases} \tag{6.2.5}$$

を考える．前節と同じように，$a \leq x \leq b$ を n 等分，分割幅を h とし，$a = x_0 < x_1 < \cdots < x_n < x_{n+1} = b$，$Y_i = y(x_i)$ とおく．y' に 1 階中心差分近似，y'' に 2 階中心差分近似を適用し，$p_i = p(x_i)$, $q_i = q(x_i)$, $r_i = r(x_i)$ とおくと，

$$\frac{Y_{i+1} - 2Y_i + Y_{i-1}}{h^2} + p_i \frac{Y_{i+1} - Y_{i-1}}{2h} + q_i Y_i = r_i$$

となる．これを整理すると，$Y_1, \cdots, Y_n$ に関する n 元連立 1 次方程式

$$\left(1 - \frac{1}{2}hp_i\right)Y_{i-1} + \left(h^2 q_i - 2\right)Y_i + \left(1 + \frac{1}{2}hp_i\right)Y_{i+1} = h^2 r_i \quad (i = 1, 2, \cdots, n)$$

となる（Y_0 と Y_{n+1} は既知であることに注意）．これを行列を用いて書き換えると，

$$M\boldsymbol{y} = \boldsymbol{v} \tag{6.2.6}$$

が得られる．ここで，

$$M = \begin{pmatrix} h^2 q_1 - 2 & 1 + \frac{hp_1}{2} & 0 & 0 & \cdots & 0 \\ 1 - \frac{hp_2}{2} & h^2 q_2 - 2 & 1 + \frac{hp_2}{2} & 0 & \cdots & 0 \\ 0 & 1 - \frac{hp_3}{2} & h^2 q_3 - 2 & 1 + \frac{hp_3}{2} & \cdots & 0 \\ \vdots & \ddots & \ddots & \ddots & \ddots & \vdots \\ 0 & \cdots & 0 & 1 - \frac{hp_{n-1}}{2} & h^2 q_{n-1} - 2 & 1 + \frac{hp_{n-1}}{2} \\ 0 & \cdots & 0 & 0 & 1 - \frac{hp_n}{2} & h^2 q_n - 2 \end{pmatrix},$$

$$\boldsymbol{y} = \begin{pmatrix} Y_1 \\ Y_2 \\ Y_3 \\ \vdots \\ Y_{n-1} \\ Y_n \end{pmatrix}, \quad \boldsymbol{v} = \begin{pmatrix} h^2 r_1 - \alpha\left(1 - \frac{hp_1}{2}\right) \\ h^2 r_2 \\ h^2 r_3 \\ \vdots \\ h^2 r_{n-1} \\ h^2 r_n - \beta\left(1 + \frac{hp_n}{2}\right) \end{pmatrix}$$

である．また，ノイマン境界条件や，ディリクレ境界条件とノイマン境界条件の両方（混合境界条件）を与えた境界値問題に対しても，この方法は有効である．例えば，混合境界条件が与えられた 2 階常微分方程式

$$\begin{cases} y''(x) + p(x)y'(x) + q(x)y(x) = r(x), \\ y(a) = \alpha, \quad y'(b) = \beta \end{cases} \tag{6.2.7}$$

を考える．$y'(b)$ に対して前進差分近似を考えると，微分方程式の定義域をはみ出してしまう．そのため，1 階後退差分近似

$$y'(\beta) \approx \frac{y(x_{n+1}) - y(x_n)}{h}$$

を用いて境界条件を

$$\frac{Y_{n+1} - Y_n}{h} = \beta$$

と書き換えることで，(6.2.7) は $Y_1, \cdots, Y_{n+1}$ に関する $(n+1)$ 元 1 次連立方程式

$$\tilde{M}\tilde{\boldsymbol{y}} = \tilde{\boldsymbol{v}}$$

となる．ここで，

$$\tilde{M} = \begin{pmatrix} h^2 q_1 - 2 & 1 + \frac{hp_1}{2} & 0 & 0 & \cdots & 0 \\ 1 - \frac{hp_2}{2} & h^2 q_2 - 2 & 1 + \frac{hp_2}{2} & 0 & \cdots & 0 \\ 0 & 1 - \frac{hp_3}{2} & h^2 q_3 - 2 & 1 + \frac{hp_3}{2} & \cdots & 0 \\ \vdots & \ddots & \ddots & \ddots & \ddots & \vdots \\ 0 & \cdots & 0 & 1 - \frac{hp_n}{2} & h^2 q_n - 2 & 1 + \frac{hp_n}{2} \\ 0 & \cdots & 0 & 0 & -1 & 1 \end{pmatrix},$$

$$\tilde{\boldsymbol{y}} = \begin{pmatrix} Y_1 \\ Y_2 \\ Y_3 \\ \vdots \\ Y_n \\ Y_{n+1} \end{pmatrix}, \quad \tilde{\boldsymbol{v}} = \begin{pmatrix} h^2 r_1 - \alpha\left(1 - \frac{hp_1}{2}\right) \\ h^2 r_2 \\ h^2 r_3 \\ \vdots \\ h^2 r_n \\ h\beta \end{pmatrix}$$

である．したがって，ディリクレ境界条件の場合と同様の手法で微分方程式を解くことができる．

例題 6.6 (単振動の境界値問題)

常微分方程式の境界値問題

$$\begin{cases} y'' = -\pi^2 y, & 0 < x < 10, \\ y(0) = y(1) = 1 \end{cases}$$

について, 区間 $0 \leq x \leq 10$ を 1000 等分し, 差分近似を用いることで近似解のグラフを描画せよ.

解 (6.2.5) において $p = r = 0, q = \pi^2$ として, 方程式 (6.2.6) を解けばよい. その結果を図 6.8 に示す. □

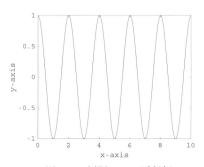

図 6.8 例題 6.6 の近似解

6.3 偏微分方程式に対する数値解法

本節からは偏微分方程式の数値解法を扱う. 偏微分方程式では常微分方程式の場合と異なり, 複数の独立変数に対して厳密解との誤差の大きさに注意しながら計算をする必要がある. まずは放物型偏微分方程式の例として, 熱方程式の初期値・境界値問題

$$\begin{cases} \dfrac{\partial u}{\partial t} = \dfrac{\partial^2 u}{\partial x^2}, & 0 < x < 1, \quad 0 < t \leq T, \\ u(x, 0) = f(x), & 0 \leq x \leq 1, \\ u(0, t) = u(1, t) = 0, & 0 < t \leq T \end{cases} \tag{6.3.1}$$

を考える. ただし, $f(x)$ は適合条件 $f(0) = f(1) = 0$ を満たす関数とする. 区間 $0 \le x \le 1$ を n 個に, 区間 $0 \le t \le T$ を m 個に分割し, 分点を

$$\begin{cases} x = ih \ (i = 0, 1, \cdots, n), \quad h = \dfrac{1}{n}, \\ t = jk \ (j = 0, 1, \cdots, m), \quad k = \dfrac{T}{m} \end{cases}$$

のようにおく. また, $U_i^j = u(x_i, t_j), f_i = f(x_i)$ とする. このとき, (6.3.1) の第 1 式に差分近似を適用すると,

$$\frac{U_i^{j+1} - U_i^j}{k} = \frac{U_{i+1}^j - 2U_i^j + U_{i-1}^j}{h^2}$$

となる. ここで, $r = k/h^2$ とおくと,

$$U_i^{j+1} = rU_{i+1}^j + (1 - 2r)U_i^j + rU_{i-1}^j$$

が得られる. また, 初期条件と境界条件は

$$\begin{cases} U_i^0 = f(ih), & i = 0, 1, \cdots, n, \\ U_0^j = 0, U_{n+1}^j = 0, & j = 0, 1, \cdots, m \end{cases}$$

となる. これらの式より, 時刻 $t = jk$ から $t = j(k+1)$ の $u(x, t)$ の x 軸方向における概形が求まり, 逐次的に $u(x, t)$ の概形がわかる. この解法を**陽解法**という. 初期値・境界値問題 (6.3.1) の陽解法は $0 < r \le 1/2$ のときに安定 (すなわち時間が経過しても, 誤差が拡大伝播されない) であることが知られている ([水島, 柳瀬, 石原] を参照).

　中心差分近似の加重平均を用いて, $\dfrac{\partial^2 u}{\partial x^2}$ を近似することを考える. すなわち, 加重の比を $\theta : 1 - \theta$ として,

$$\frac{\partial^2 u}{\partial x^2} \approx \theta \frac{U_{i+1}^{j+1} - 2U_i^{j+1} + U_{i-1}^{j+1}}{h^2} + (1 - \theta) \frac{U_{i+1}^j - 2U_i^j + U_{i-1}^j}{h^2}$$

と近似する. (6.3.1) の第 1 式において, 左辺は通常の前進差分近似を適用すると, 関係式

$$\frac{U_i^{j+1} - U_i^j}{k} = \frac{\theta\left(U_{i+1}^{j+1} - 2U_i^{j+1} + U_{i-1}^{j+1}\right) + (1 - \theta)\left(U_{i+1}^j - 2U_i^j + U_{i-1}^j\right)}{h^2}$$

を得ることができる. このような, 未知の点 $U_{i-1}^{j+1}, U_i^{j+1}, U_{i+1}^{j+1}$ も計算式の中に組み込み, 同時に利用して計算を進める方法を**陰解法**という. いま $r = k/h^2$ として, この関係式を行列表示すると,

$$A(\theta)\boldsymbol{U}^{(j+1)} = A(\theta - 1)\boldsymbol{U}^{(j)}$$

となる. ここで,

$$A(\theta) = \begin{pmatrix} 2r\theta + 1 & -r\theta & 0 & \cdots & & 0 \\ -r\theta & 2r\theta + 1 & -r\theta & \ddots & & \vdots \\ 0 & -r\theta & 2r\theta + 1 & \ddots & & \vdots \\ \vdots & \ddots & \ddots & \ddots & & 0 \\ \vdots & \ddots & & -r\theta & 2r\theta + 1 & -r\theta \\ 0 & \cdots & & 0 & -r\theta & 2r\theta + 1 \end{pmatrix}, \quad \boldsymbol{U}^{(j)} = \begin{pmatrix} U_1^j \\ \vdots \\ U_n^j \end{pmatrix}$$

である. これを解くことで, 逐次的に熱分布 $\{U^{(j)}\}_{j=0}^{\infty}$ を得る. 特に, $\theta = 1/2$ とした式はクランク – ニコルソンの公式と呼ばれ, $r = k/h^2$ の値によらず安定な公式として知られている.

例題 6.7 (熱方程式の数値解法)

熱方程式の初期値・境界値問題

$$\begin{cases} \dfrac{\partial u}{\partial t} - \dfrac{\partial^2 u}{\partial x^2} = 0, & 0 < x < 1, \quad 0 < t \leq 1, \\ u(x, 0) = x - x^2, & 0 \leq x \leq 1, \\ u(0, t) = u(1, t) = 0, & 0 < t \leq 1 \end{cases}$$

について, 次の問に答えよ.

(1) x についての区間 $0 \leq x \leq 1$ を 50 等分, t の区間 $0 \leq t \leq 1$ を 5000 等分し, 陽解法を用いて $u(x, 1)$ のグラフを描け.

(2) x についての区間 $0 \leq x \leq 1$ を 500 等分, t の区間 $0 \leq t \leq 1$ を 1000 等分し, クランク – ニコルソンの公式を用いて $u(x, 1)$ のグラフを描け.

解 コンピュータでグラフを出力すると, 図 6.9 のようになる. 　　　　　□

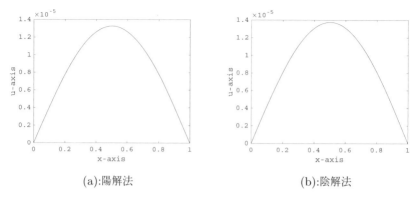

(a):陽解法　　　　　　　　　　　　　(b):陰解法

図 6.9　例題 6.7 の近似解

　次に双曲型偏微分方程式の例として，波動方程式の初期値・境界値問題

$$\begin{cases} \dfrac{\partial^2 u}{\partial t^2} = \dfrac{\partial^2 u}{\partial x^2}, & 0 < x < 1,\ 0 < t \le T, \\[2mm] u(x,0) = f(x), \quad \dfrac{\partial u}{\partial t}(x,0) = g(x), & 0 \le x \le 1, \\[2mm] u(0,t) = u(1,t) = 0, & 0 < t \le T \end{cases} \tag{6.3.2}$$

を考える．熱方程式の場合と同様に，離散化

$$\begin{cases} x = ih\ (i = 0,1,\cdots,n), \quad h = \dfrac{1}{n}, \\[2mm] t = jk\ (j = 0,1,\cdots,m), \quad k = \dfrac{T}{m} \end{cases}$$

を行い，$u(ih, jk)$ の近似値を U_i^j と表すことにする．このとき，(6.3.2) の第 1 式に 2 階中心差分近似を用いることで，

$$\frac{U_i^{j+1} - 2U_i^j + U_i^{j-1}}{k^2} = \frac{U_{i+1}^j - 2U_i^j + U_{i-1}^j}{h^2}$$

となり，更に $r = k/h$ とおくことで，

$$U_i^{j+1} = 2U_i^j - U_i^{j-1} + r^2\Big(U_{i+1}^j - 2U_i^j + U_{i-1}^j\Big) \tag{6.3.3}$$

となる．いま，考えている微分方程式が $t = 0$ のときも成り立つと仮定すると，

$$\frac{\partial^2 u}{\partial t^2}(x,0) = \frac{\partial^2 u}{\partial x^2}(x,0)$$

となる. この右辺に 2 階中心差分近似を適用すると,

$$\frac{\partial^2 u}{\partial t^2}(x,0) \approx \frac{u(x+h,0) - 2u(x,0) + u(x-h,0)}{h^2}$$

を得る. 初期条件 $u(x,0) = f(x)$ から, $U_i^0 = f(ih)$ であることと, u の $t = 0$ を中心としたテイラー展開

$$u(x,k) = u(x,0) + k\frac{\partial u}{\partial t}(x,0) + \frac{k^2}{2}\frac{\partial^2 u}{\partial t^2}(x,0) + \mathcal{O}(k^3)$$

を合わせると,

$$U_i^1 = U_i^0 + kg(x_i) + \frac{r^2}{2}(U_{i+1}^0 - 2U_i^0 + U_{i-1}^0) \quad (i = 1, 2, \cdots, n)$$

を得る. ただし, 初期条件 $\frac{\partial u}{\partial t}(x,0) = g(x)$ を用いた. ここから, 反復式 (6.3.3) を用いることで, 逐次的に近似解を得ることができる. 初期値・境界値問題 (6.3.2) におけるこの計算方法は, $0 < r \leq 1$ のときに安定であることが知られている ([菊地, 齊藤] を参照).

例題 6.8 (波動方程式の数値解法)

波動方程式の初期値・境界値問題

$$\begin{cases} \dfrac{\partial^2 u}{\partial t^2} = \dfrac{\partial^2 u}{\partial x^2}, & 0 < x < 1,\ 0 < t \leq 1, \\ u(x,0) = f(x), \quad \dfrac{\partial u}{\partial t}(x,0) = 0, & 0 \leq x \leq 1, \\ u(0,t) = u(1,t) = 0, & 0 < t \leq 1 \end{cases}$$

について, 区間 $0 \leq x \leq 1$ を 100 分割, 区間 $0 \leq t \leq 1$ を 300 分割することで, $t = 0, \dfrac{1}{3}, 1$ における近似解 $u(x,t)$ のグラフを描け. なお,

$$f(x) = \begin{cases} \dfrac{1}{2}\cos 6\pi\left(x - \dfrac{1}{2}\right) + \dfrac{1}{2} & \left(\dfrac{1}{3} \leq x \leq \dfrac{2}{3}\right) \\ 0 & \left(x < \dfrac{1}{3},\ \dfrac{2}{3} < x\right) \end{cases}$$

とする.

解 コンピュータでグラフを出力すると, 図 6.10 のようになる. □

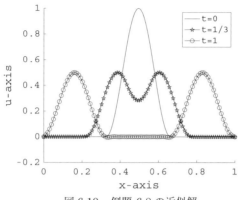

図 6.10　例題 6.8 の近似解

本節の最後に楕円型偏微分方程式の例として，ラプラス方程式の境界値問題

$$
\begin{cases}
\dfrac{\partial^2 u}{\partial x^2} + \dfrac{\partial^2 u}{\partial y^2} = 0, & 0 < x < 1,\ 0 < y < 1, \\
u(0, y) = u(1, y) = g(x, y), & 0 < y < 1, \\
u(x, 0) = u(x, 1) = g(x, y), & 0 < x < 1
\end{cases}
\tag{6.3.4}
$$

を考える．図 6.11 のように集合 $\{(x, y) \mid 0 \le x \le 1, 0 \le y \le 1\}$ を格子状に縦横をそれぞれ n 等分し，各分点を (x_i, y_j) $(i, j = 0, 1, \cdots, n)$ とする．

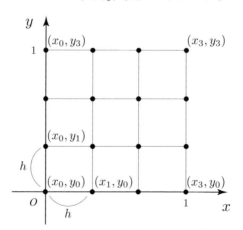

図 6.11　各点の番号（$n = 3$ の場合）

また，分割してできる正方形の 1 辺の長さを $h = \dfrac{1}{n}$ とする．いま (6.3.4) の第 1 式に対して 2 階中心差分近似を適用すると，

$$\frac{u(x_i + h, y_j) - 2u(x_i, y_j) + u(x_i - h, y_j)}{h^2}$$
$$+ \frac{u(x_i, y_j + h) - 2u(x_i, y_j) + u(x_i, y_j - h)}{h^2} = 0$$

となり，これを整理すると，

$$u(x_i, y_j) = \frac{u(x_{i+1}, y_j) + u(x_{i-1}, y_j) + u(x_i, y_{j+1}) + u(x_i, y_{j-1})}{4} \quad (6.3.5)$$

という関係式を得る．ここで，各 $u(x_i, y_j)$ における近似値を $U_{i,j}$ と表すことにすると，(6.3.5) は，

$$U_{i+1,j} + U_{i,j+1} - 4U_{i,j} + U_{i-1,j} + U_{i,j-1} = 0 \quad (i, j = 1, \cdots, n-1)$$

という $(n-1)^2$ 元 1 次連立方程式となる．これを解くことで，ラプラス方程式の近似解を得ることができる．

例題 6.9 (ラプラス方程式の境界値問題)

ラプラス方程式

$$\begin{cases} \dfrac{\partial^2 u}{\partial x^2} + \dfrac{\partial^2 u}{\partial y^2} = 0, & 0 < x, y < 1, \\ u(0, y) = 0, \quad u(1, y) = 0, & 0 < y < 1, \\ u(x, 0) = 0, \quad u(x, 1) = 10, & 0 < x < 1 \end{cases}$$

について，正方形領域 $0 < x, y < 1$ を x, y 軸方向それぞれについて 4 等分することで得られる連立方程式を求めよ．また，正方形領域 $0 < x, y < 1$ を x, y 軸方向それぞれについて 30 等分した際に得られる近似解のグラフを描け．

解 各軸方向について 4 等分することから，9 元 1 次連立方程式

$$\begin{pmatrix} -4 & 1 & 0 & 1 & 0 & 0 & 0 & 0 & 0 \\ 1 & -4 & 1 & 0 & 1 & 0 & 0 & 0 & 0 \\ 0 & 1 & -4 & 0 & 0 & 1 & 0 & 0 & 0 \\ 1 & 0 & 0 & -4 & 1 & 0 & 1 & 0 & 0 \\ 0 & 1 & 0 & 1 & -4 & 1 & 0 & 1 & 0 \\ 0 & 0 & 1 & 0 & 1 & -4 & 0 & 0 & 1 \\ 0 & 0 & 0 & 1 & 0 & 0 & -4 & 1 & 0 \\ 0 & 0 & 0 & 0 & 1 & 0 & 1 & -4 & 1 \\ 0 & 0 & 0 & 0 & 0 & 1 & 0 & 1 & -4 \end{pmatrix} \begin{pmatrix} U_{1,1} \\ U_{2,1} \\ U_{3,1} \\ U_{1,2} \\ U_{2,2} \\ U_{3,2} \\ U_{1,3} \\ U_{2,3} \\ U_{3,3} \end{pmatrix} = \begin{pmatrix} 0 \\ 0 \\ 0 \\ 0 \\ 0 \\ 0 \\ -10 \\ -10 \\ -10 \end{pmatrix}$$

が得られる．同様に分割数を 30 にして計算すると，近似解のグラフは図 6.12 の
ようになる． □

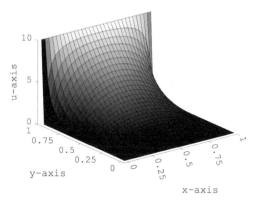

図 6.12　例題 6.9 の近似解

6.4　差分法以外の数値解法

最後に差分近似以外の数値解法の例として，KdV 方程式

$$\frac{\partial u}{\partial t} + \alpha u \frac{\partial u}{\partial x} + \beta \frac{\partial^3 u}{\partial x^3} = 0 \tag{6.4.1}$$

の数値解法を紹介する．未知関数 $u(x,t)$ はすべての t に対して周期境界条件

$$u(x + 2\pi, t) = u(x, t) \quad (-\infty < x < \infty)$$

を満たすとし，初期条件

$$u(x, 0) = \phi(x)$$

が与えられているものとする．いま，関数 $u(x,t)$ が x についての離散フーリエ
級数（A.5 節参照）の形で表せるとし，$U_k(t)$ を $u(x,t)$ の離散フーリエ係数とす
ると，

$$u(x, t) = \frac{1}{N} \sum_{k=0}^{N-1} U_k(t) e^{ikx}$$

と書き表すことができる. これより,

$$\frac{\partial u}{\partial x}(x,t) = \frac{1}{N}\sum_{k=0}^{N-1} ikU_k(t)e^{ikx},$$

$$\frac{\partial^3 u}{\partial x^3}(x,t) = \frac{1}{N}\sum_{k=0}^{N-1} (ik)^3 U_k(t)e^{ikx},$$

$$\frac{\partial u}{\partial t}(x,t) = \frac{1}{N}\sum_{k=0}^{N-1} \frac{d}{dt}U_k(t)e^{ikx}$$

となる. これらを (6.4.1) に適用すると,

$$\sum_{r=0}^{N-1} \frac{d}{dt}U_r(t)e^{irx} + \frac{\alpha}{N}\left(\sum_{p=0}^{N-1} U_p(t)e^{ipx}\right)\left(\sum_{q=0}^{N-1} iqU_q(t)e^{iqx}\right)$$

$$+ \beta\sum_{r=0}^{N-1}(ir)^3 U_r(t)e^{irx} = 0$$

が得られる. この両辺に e^{-ikx} を掛けて, 0 から 2π まで積分することで, KdV 方程式は微分方程式

$$\frac{d}{dt}U_k(t) = -\frac{\alpha}{N}\sum_{p=0}^{N-1}\sum_{q=0}^{N-1} \delta_{k,p+q}(iq)U_p(t)U_q(t) - \beta(ik)^3 U_k(t)$$

へと変換される. ここで,

$$\delta_{p,q} = \begin{cases} 1 & (p = q) \\ 0 & (p \neq q) \end{cases}$$

である. この常微分方程式に対してオイラー法などを適用し, $U_k(t)$ $(k = 0, 1, \ldots, N-1)$ の近似値を求め, 逆離散フーリエ変換(A.5 節参照)を用いて $u(x,t)$ の近似解を得る方法をガレルキンスペクトル法という.

付録

　以下では，実数全体の集合を $\mathbb{R}$ と書くことにし，2 つの実数 $x \in \mathbb{R}$ と $y \in \mathbb{R}$ の組 (x, y) の全体を $\mathbb{R}^2$ と表す．また，関数 $f(x)$ が 2 回微分可能かつ 2 階導関数 $f''(x)$ が連続であるとき，$f(x)$ は C^2 級であるという．

A.1　フーリエ級数の一様収束性

　第 1 章では，周期関数 $f(x)$ のフーリエ級数が収束するための条件としてディリクレの判定条件（Point 1.3）を紹介したが，色々な準備が必要なため証明はしていない．数学的に収束の様子をまったく考察しないのも少々味気ないが，ディリクレの判定条件下でのフーリエ級数の収束の証明はやや難解である．そこで本節では，周期関数 $f(x)$ の条件をディリクレの判定条件よりも少し強めることで，そのフーリエ級数が一様収束することを数学的に示す．そのためにまず一様収束の定義と関連する諸定理の紹介から始める．

A.1.1　一様収束するための十分条件

　区間 I 上の関数列 $\left\{f_n(x)\right\}_{n=1}^{\infty}$ が $f(x)$ に「収束する」という言葉には，各 $x \in I$ ごとに（一般には）異なる速さで収束する**各点収束**の意味と，すべての $x \in I$ において同程度の速さで収束する**一様収束**の意味がある．具体的に各点収束，一様収束を式で表すとそれぞれ

$$\text{各点収束：} \lim_{n \to \infty} |f(x) - f_n(x)| = 0 \ \ (x \in I)$$
$$\text{一様収束：} \lim_{n \to \infty} \sup_{x \in I} |f(x) - f_n(x)| = 0$$

となる．ここで，$\sup_{x \in I} |F(x)|$ は，$|F(x)|$ の I における**上限**を表す．上限とは大雑把にいうと最大値のようなものであるが，正確に定義すると次のようになる．まず，

$$|F(x)| \leq M \quad (x \in I)$$

を満たす定数 $M \geq 0$ のことを $|F(x)|$ の I における上界と呼ぶ．ここで，上界は無数に存在する．例えば $F(x) = x^2$，I を開区間 $(0, 1)$ とすれば，1 は上界になるし 2 も上界となる．さらにいうと，1 以上の数はすべて上界となる．$|F(x)|$ の I における上界の中で最小のものを，$|F(x)|$ の I における上限と呼ぶ．特に，$\sup_{x \in I} |F(x)| < \infty$ のとき，$F(x)$ は I 上**有界**であるという．一般に，最大値は必ずしも存在するとは限らないが，上限は ∞ も

許せば必ず存在する. このことを簡単な例で確認してみる.

(i) $f(x) = x^2 \ (0 < x < 1)$ の最大値は存在しないが上限は 1 となる

$$\left(\max_{0<x<1} |f(x)| \text{ は存在しないが } \sup_{0<x<1} |f(x)| = 1 \right).$$

(ii) $f(x) = x(1-x) \ (0 < x < 1)$ の最大値と上限はともに $\dfrac{1}{4}$ となる

$$\left(\max_{0<x<1} |f(x)| = \sup_{0<x<1} |f(x)| = \frac{1}{4} \right).$$

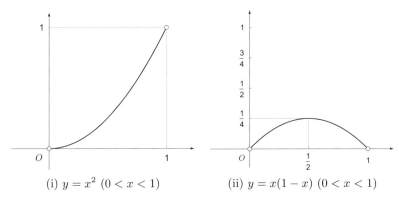

(i) $y = x^2 \ (0 < x < 1)$　　　　(ii) $y = x(1-x) \ (0 < x < 1)$

注意 A.1 なお, $-\infty < a < b < \infty$ とするとき, 閉区間 $[a, b]$ 上の連続関数は必ず最大値と最小値を持つことが知られている. 特に, 閉区間 $[a, b]$ 上の連続関数は有界である. ◇

関数列の収束の話に戻ろう. 上記の各点収束の式については

$$\sup_{x \in I} \lim_{n \to \infty} |f(x) - f_n(x)| = 0$$

と表すこともできるので, 各点収束と一様収束の違いは $\sup\limits_{x \in I}$ と $\lim\limits_{n \to \infty}$ の順序の違いともいえる.

次に, I 上で定義された関数列 $\left\{ f_n(x) \right\}_{n=1}^{\infty}$ により生成される関数項級数

$$s_N(x) = \sum_{n=1}^{N} f_n(x)$$

について考える. この関数項級数の列 $\left\{ s_N(x) \right\}_{N=1}^{\infty}$ が $N \to \infty$ である関数 $s(x)$ に各点収束するとき,

$$s(x) = \sum_{n=1}^{\infty} f_n(x)$$

と書く．また，$\left\{s_N(x)\right\}_{N=1}^{\infty}$ が $N \to \infty$ で $s(x)$ に一様収束するとき，級数 $\displaystyle\sum_{n=1}^{\infty} f_n(x)$ は $s(x)$ に一様収束するという．関数列や級数が一様収束することがわかると，極限関数に連続性が伝播したり，項別積分や項別微分が可能になる．ここでは関数項級数に対して，連続性の伝播および項別微分可能性を紹介する．以後，一様収束に関する諸定理の証明は [杉浦] などを参照のこと．

Point A.1 （極限関数の連続性）

区間 $I \subset \mathbb{R}$ 上の連続関数列 $\left\{f_n(x)\right\}_{n=1}^{\infty}$ に対し，級数 $\displaystyle\sum_{n=1}^{\infty} f_n(x)$ が $s(x)$ に I 上（広義）一様収束すれば，極限関数 $s(x)$ も I 上連続となる．

Point A.2 （項別微分定理）

$I \subset \mathbb{R}$ を区間とし，I 上の関数列 $\left\{f_n(x)\right\}_{n=1}^{\infty}$ が次の (a), (b), (c) を満たすと仮定する．

(a) 級数 $\displaystyle\sum_{n=1}^{\infty} f_n(x)$ は $s(x)$ に I 上各点収束する．

(b) 各 n に対して $f_n(x)$ は I 上 C^1 級である．すなわち $\dfrac{df_n}{dx}(x)$ が I 上で存在し，かつ連続となる．

(c) 級数 $\displaystyle\sum_{n=1}^{\infty} \dfrac{df_n}{dx}(x)$ は I 上一様収束する．

このとき，$s(x)$ は I 上 C^1 級であり，

$$\frac{ds}{dx}(x) = \sum_{n=1}^{\infty} \frac{df_n}{dx}(x)$$

がすべての $x \in I$ について成り立つ．

　上記のように，ひとたび一様収束していることがわかれば，極限関数の連続性や項別微分などの便利な性質が使えるのである．そこで本書では，一様収束に関する判定法（十分条件）を 1 つ紹介する．判定法の証明などの詳しいことも [杉浦] などを参照のこと．

Point A.3 （ワイエルシュトラスの M 判定法）

区間 $I \subset \mathbb{R}$ 上の関数列 $\left\{f_n(x)\right\}_{n=1}^{\infty}$ に対し，次の (1), (2) を満たす正数列 $\left\{M_n\right\}_{n=1}^{\infty}$ が存在すると仮定する．

(1) すべての n に対し，$\displaystyle\sup_{x \in I}|f_n(x)| \leq M_n$ が成立する．

(2) $\displaystyle\sum_{n=1}^{\infty} M_n$ は収束する.

このとき,級数 $\displaystyle\sum_{n=1}^{\infty} f_n(x)$ は I 上一様収束する.

注意 A.2 ワイエルシュトラスの M 判定法はワイエルシュトラスの優級数定理ともいう. ◇

A.1.2　連続な周期関数に対するフーリエ級数の一様収束性

ここでは,

$$f(x) = \begin{cases} \pi + x & (-\pi \leq x < 0 \text{ のとき}) \\ \pi - x & (0 \leq x \leq \pi \text{ のとき}) \end{cases}$$

などの区分的に滑らかな関数を基本周期にもつ周期関数 $f(x)$ のフーリエ級数の収束性を議論する.このような周期関数のフーリエ級数は,ディリクレの判定条件（Point 1.3）により各点収束する.さらに $f(x)$ に連続性を課すことで,次のような一様収束性も導かれる.

Point A.4　（フーリエ級数の一様収束性）
$f(x)$ は連続かつ区分的に滑らかな周期 $2L$ の周期関数とする.このとき,$f(x)$ のフーリエ級数は $[-L, L]$ 上 $f(x)$ に一様収束する.

本節の目標はこの Point A.4 を証明することである.そのために,重要な不等式を 1 つ用意する.

Point A.5　（ベッセルの不等式）
$f(x)$ を周期 $2L$ の実数値周期関数とし,

$$\int_{-L}^{L} |f(x)|^2 \, dx < \infty \tag{A.1.1}$$

を満たすと仮定する.このとき,

$$\frac{|a_0|^2}{2} + \sum_{n=1}^{\infty} \left(|a_n|^2 + |b_n|^2 \right) \leq \frac{1}{L} \int_{-L}^{L} |f(x)|^2 \, dx$$

が成り立つ.ただし,$a_0, a_n, b_n \ (n = 1, 2, \cdots)$ は $f(x)$ のフーリエ係数である.

ベッセルの不等式の証明 まず

$$S_N(f)(x) = \frac{a_0}{2} + \sum_{n=1}^{N} \left(a_n \cos \frac{n\pi}{L} x + b_n \sin \frac{n\pi}{L} x \right) \, dx$$

とおく. いま, 積分

$$\frac{1}{L} \int_{-L}^{L} |f(x) - S_N(f)(x)|^2 \, dx$$

を計算することにより, ベッセルの不等式が成り立つことを示す. そこで,

$$0 \le \frac{1}{L} \int_{-L}^{L} |f(x) - S_N(f)(x)|^2 \, dx$$
$$= \frac{1}{L} \int_{-L}^{L} \left\{ |f(x)|^2 - 2f(x)S_N(f)(x) + |S_N(f)(x)|^2 \right\} \, dx \qquad \text{(A.1.2)}$$

と式変形する. ここで,

$$|S_N(f)(x)|^2 = \frac{a_0^2}{4} + 2a_0 \sum_{n=1}^{N} \left(a_n \cos \frac{n\pi}{L} x + b_n \sin \frac{n\pi}{L} x \right)$$
$$+ \left\{ \sum_{n=1}^{N} \left(a_n \cos \frac{n\pi}{L} x + b_n \sin \frac{n\pi}{L} x \right) \right\}^2$$

となることに注意する. いま,

$$\frac{1}{L} \int_{-L}^{L} \frac{a_0^2}{4} \, dx = \frac{a_0^2}{2}, \quad \frac{1}{L} \int_{-L}^{L} \left\{ 2a_0 \sum_{n=1}^{N} \left(a_n \cos \frac{n\pi}{L} x + b_n \sin \frac{n\pi}{L} x \right) \right\} \, dx = 0$$

であり, さらに三角関数の直交関係 (注意 1.1) より,

$$\frac{1}{L} \int_{-L}^{L} \left\{ \sum_{n=1}^{N} \left(a_n \cos \frac{n\pi}{L} x + b_n \sin \frac{n\pi}{L} x \right) \right\}^2 \, dx = \sum_{n=1}^{N} (|a_n|^2 + |b_n|^2)$$

を得る. また, フーリエ係数の定義より

$$\frac{2}{L} \int_{-L}^{L} f(x)S_N(f)(x) \, dx = 2 \left\{ \frac{|a_0|^2}{2} + \sum_{n=1}^{N} (|a_n|^2 + |b_n|^2) \right\}$$

となることがわかる. これらを (A.1.2) に代入すると,

$$\text{(A.1.2)} = \frac{1}{L} \int_{-L}^{L} |f(x)|^2 \, dx - \left\{ \frac{|a_0|^2}{2} + \sum_{n=1}^{N} (|a_n|^2 + |b_n|^2) \right\}$$

と式変形できるので,

$$\frac{|a_0|^2}{2} + \sum_{n=1}^{N} \left(|a_n|^2 + |b_n|^2\right) \leq \frac{1}{L} \int_{-L}^{L} |f(x)|^2 \, dx$$

となる. ここで, $N \to \infty$ とすることでベッセルの不等式が得られる. □

注意 A.3 1. ベッセルの不等式から, 周期関数 $f(x)$ が条件 (A.1.1) を満たしていれば, $\sum_{n=1}^{\infty} a_n, \sum_{n=1}^{\infty} b_n$ がそれぞれ収束することがわかる. これより, フーリエ係数 a_n, b_n は,

$$\lim_{n \to \infty} a_n = 0, \quad \lim_{n \to \infty} b_n = 0$$

という性質を持つことがわかる. この事実をリーマン – ルベーグの補題という.
2. 周期関数 $f(x)$ が条件 (A.1.1) を満たしていれば, ベッセルの不等式の逆向きの不等式も示せる. したがって, 等号

$$\frac{|a_0|^2}{2} + \sum_{n=1}^{\infty} \left(|a_n|^2 + |b_n|^2\right) = \frac{1}{L} \int_{-L}^{L} |f(x)|^2 \, dx$$

が成り立つ. この等式をパーセバルの等式という (詳細は [新井] などを参照). なお, ベッセルの不等式およびパーセバルの等式は, $f(x)$ が複素数値の場合にも成立する. ◇

以下ではベッセルの不等式を用いてフーリエ級数の一様収束性 (Point A.4) を示す.

Point A.4 の証明 $c \in [-L, L]$ とし, 簡単のため $f(x)$ は $x = c$ の 1 点のみで微分可能ではないとする (複数の点で微分可能ではないときは, 適宜以下の議論で積分区間の分割を増やせばよい). 関数 $f(x)$ は $x = c$ で連続なので, $f(c-0) = f(c+0)$ である. したがって, $n = 1, 2, 3, \cdots$ に対し, 部分積分を用いて

$$\begin{aligned}
a_n &= \frac{1}{L} \int_{-L}^{L} f(x) \cos \frac{n\pi}{L} x \, dx \\
&= \frac{1}{L} \left(\int_{-L}^{c} f(x) \cos \frac{n\pi}{L} x \, dx + \int_{c}^{L} f(x) \cos \frac{n\pi}{L} x \, dx \right) \\
&= \frac{1}{L} \left(\left[\frac{L}{n\pi} f(x) \sin \frac{n\pi}{L} x \right]_{-L}^{c} - \frac{L}{n\pi} \int_{-L}^{c} f'(x) \sin \frac{n\pi}{L} x \, dx \right. \\
&\qquad \left. + \left[\frac{L}{n\pi} f(x) \sin \frac{n\pi}{L} x \right]_{c}^{L} - \frac{L}{n\pi} \int_{c}^{L} f'(x) \sin \frac{n\pi}{L} x \, dx \right) \\
&= \frac{1}{L} \left\{ \frac{L}{n\pi} \left(f(c-0) \sin \frac{n\pi}{L} c - 0 \right) + \frac{L}{n\pi} \left(0 - f(c+0) \sin \frac{n\pi}{L} c \right) \right. \\
&\qquad \left. - \frac{L}{n\pi} \int_{-L}^{L} f'(x) \sin \frac{n\pi}{L} x \, dx \right\}
\end{aligned}$$

$$= -\frac{L\tilde{b}_n}{n\pi} \quad \left(\tilde{b}_n = \frac{1}{L}\int_{-L}^{L} f'(x)\sin\frac{n\pi}{L}x\ dx\right)$$

が得られる. 一方 b_n については $f(L) = f(-L)$ も用いて同様の計算を行うことで, $n = 1, 2, 3, \cdots$ に対して

$$b_n = \frac{L\tilde{a}_n}{n\pi} \quad \left(\tilde{a}_n = \frac{1}{L}\int_{-L}^{L} f'(x)\cos\frac{n\pi}{L}x\ dx\right)$$

が得られる. いま, $f(x)$ が区分的に滑らかであることから, $f'(x)$ は区分的に連続である. したがって,

$$\int_{-L}^{L} |f'(x)|^2\ dx < \infty$$

となる. よって, ベッセルの不等式より

$$\sum_{n=1}^{\infty}\left(|\tilde{a}_n|^2 + |\tilde{b}_n|^2\right) \leq \frac{1}{L}\int_{-L}^{L} |f'(x)|^2\ dx$$

が成り立つ. ただし,

$$\tilde{a}_0 = \frac{1}{L}\int_{-L}^{L} f'(x)\ dx = \frac{1}{L}\int_{-L}^{c} f'(x)\ dx + \frac{1}{L}\int_{c}^{L} f'(x)\ dx$$

$$= \frac{1}{L}(f(c-0) - f(-L)) + \frac{1}{L}(f(L) - f(c+0))$$

$$= 0$$

となることを用いた. ゆえに, $\displaystyle\sum_{n=1}^{\infty}|\tilde{a}_n|^2$ と $\displaystyle\sum_{n=1}^{\infty}|\tilde{b}_n|^2$ は収束する. ここで $n = 1, 2, 3, \cdots$ に対して

$$g_n(x) = a_n\cos\frac{n\pi}{L}x + b_n\sin\frac{n\pi}{L}x$$

とおくと, 相加平均と相乗平均の関係性により

$$|a_n| = \left|-\frac{L\tilde{b}_n}{n\pi}\right| \leq \frac{L^2}{n^2\pi^2} + |\tilde{b}_n|^2,$$

$$|b_n| = \left|\frac{\tilde{a}_n}{n\pi}\right| \leq \frac{L^2}{n^2\pi^2} + |\tilde{a}_n|^2$$

となるので,

$$|g_n(x)| \leq \left|a_n\cos\frac{n\pi}{L}x + b_n\sin\frac{n\pi}{L}x\right|$$

$$\leq |a_n| + |b_n|$$

$$\leq \frac{2L^2}{n^2\pi^2} + |\tilde{a}_n|^2 + |\tilde{b}_n|^2$$

が得られる．さらに

$$\sum_{n=1}^{\infty}\left(\frac{2L^2}{n^2\pi^2}+|\tilde{a}_n|^2+|\tilde{b}_n|^2\right)=\frac{2L^2}{\pi^2}\sum_{n=1}^{\infty}\frac{1}{n^2}+\sum_{n=1}^{\infty}|\tilde{a}_n|^2+\sum_{n=1}^{\infty}|\tilde{b}_n|^2<\infty$$

であるので，ワイエルシュトラスの M 判定法より，

$$\sum_{n=1}^{\infty}g_n(x)=\sum_{n=1}^{\infty}\left(a_n\cos\frac{n\pi}{L}x+b_n\sin\frac{n\pi}{L}x\right)$$

は区間 $[-L,L]$ 上で一様収束する． □

注意 A.4 $f(x)$ が $[0,L]$ 上連続かつ区分的に滑らかであり，$f(0)=f(L)=0$ を満たしているとき，

$$\tilde{f}(x)=\begin{cases}f(x) & (0\le x\le L \text{ のとき})\\ -f(-x) & (-L\le x<0 \text{ のとき})\end{cases}$$

および $\tilde{f}(x+2L)=\tilde{f}(x)$ によって奇関数拡張した周期関数 $\tilde{f}(x)$ は，連続かつ区分的に滑らかとなる．したがって Point A.4 により，$\tilde{f}(x)$ のフーリエ級数は $\tilde{f}(x)$ に $[-L,L]$ 上一様収束する．特に，$x\in[0,L]$ に対して

$$f(x)=\sum_{n=1}^{\infty}b_n\sin\frac{n\pi}{L}x,\qquad b_n=\frac{2}{L}\int_0^L f(x)\sin\frac{n\pi}{L}x$$

が成立する． ◇

注意 A.5 フーリエ級数の一様収束性（Point A.4）と項別微分定理（Point A.5）を組み合わせると，C^1 級関数 $f(x)$ のフーリエ級数展開が

$$\begin{aligned}f'(x)&=\frac{d}{dx}\left\{\frac{a_0}{2}+\sum_{n=1}^{\infty}\left(a_n\cos\frac{n\pi}{L}x+b_n\sin\frac{n\pi}{L}x\right)\right\}\\ &=\sum_{n=1}^{\infty}\frac{d}{dx}\left(a_n\cos\frac{n\pi}{L}x+b_n\sin\frac{n\pi}{L}x\right)\\ &=\sum_{n=1}^{\infty}\frac{n\pi}{L}\left(b_n\cos\frac{n\pi}{L}x-a_n\sin\frac{n\pi}{L}x\right)\end{aligned}$$

と計算できる． ◇

A.2 1階常微分方程式の解の一意存在性

未知関数 $y(x)$ に対する1階常微分方程式の初期値問題

$$\begin{cases}\dfrac{dy}{dx}(x)=F(x,y(x)), & x_0\le x\le x_0+\alpha,\\ y(x_0)=y_0\end{cases} \tag{A.2.1}$$

について考える．ここで $\alpha > 0$, x_0, $y_0 \in \mathbb{R}$ は定数であり，$F(x, y)$ は与えられた 2 変数関数である．この常微分方程式では，$F(x, y)$ の形によっては具体的に解を求めることはできない．ただしそれは，初期値問題 (A.2.1) を満たす $y(x)$ を，有限回の積分を行うことによって微分を含まない式で表すことが出来ない（このことを求積出来ないともいう）ということであり，解が無いと言っているわけではない．解が存在するか？また，存在したとしてそれは唯一つに定まるか？という問いは，解が具体的に求められるか？という問題とは別物なのである．本節では，$F(x, y)$ に**リプシッツ連続性**という仮定を課すことにより，初期値問題 (A.2.1) が唯一つの解を持つことを証明する．なお，解の存在だけであればリプシッツ連続性は必要なく，$F(x, y)$ の連続性が仮定されていれば導かれることが知られている（ペアノの存在定理）．

　解の一意存在性を示す際に重要となるリプシッツ連続性は次のように定義される．

Point A.6（リプシッツ連続性）
ある定数 $L > 0$ が存在し，区間 $I \subset \mathbb{R}$ 上の関数 $f(x)$ が任意の $y_1, y_2 \in I$ に対して

$$|f(y_1) - f(y_2)| \leq L|y_1 - y_2|$$

を満たすとき，$f(x)$ は I 上リプシッツ連続であるという．

　例えば，$I = [-1, 1]$ とし，$f(y) = y^p$ とするとき $f'(y) = py^{p-1}$ なので，平均値の定理から

$$|f(y_1) - f(y_2)| = |y_1^p - y_2^p| = p|c|^{p-1}|y_1 - y_2|$$

を満たす c が y_1 と y_2 の間に存在する．ここで $y_1, y_2 \in I$ とすれば $|c| \leq 1$ となることに注意する．したがって $p \geq 1$ ならば

$$|f(y_1) - f(y_2)| \leq p|y_1 - y_2|$$

となり，$f(x)$ は I 上リプシッツ連続となる．一方，$p < 1$ のときは $f(x)$ は I 上リプシッツ連続にならない．実際，任意の $L > 0$ に対して $y_1, y_2 \in I$ を

$$0 < y_1 < y_2 \leq \left(\frac{p}{L}\right)^{\frac{1}{1-p}}$$

となるように選べば，$y_1 < c < y_2$ であることから

$$c^{-(1-p)} > y_2^{-(1-p)} \geq \frac{L}{p}$$

であるため，

$$|f(y_1) - f(y_2)| = p|c|^{p-1}|y_1 - y_2| > L|y_1 - y_2|$$

となる．

　さて，リプシッツ連続性に着目すると，初期値問題 (A.2.1) に対して次のことが得られる．

Point A.7 （解の一意存在性定理）

$x_0, y_0 \in \mathbb{R}$ を定数, $K = \{(x,y) \in \mathbb{R}^2 \mid x_0 \leq x \leq x_0 + \alpha,\ |y| \leq 2|y_0|\}$ とし, K 上の連続関数 $F(x,y)$ は変数 y について K 上リプシッツ連続とする. すなわち, ある $L > 0$ が存在して, 任意の $(x,y_1),(x,y_2) \in K$ に対して

$$|F(x,y_1) - F(x,y_2)| \leq L|y_1 - y_2| \tag{A.2.2}$$

が成立しているとする. また, ある $M > 0$ が存在して, 任意の $(x,y) \in K$ に対して

$$|F(x,y)| \leq M \tag{A.2.3}$$

が成立しているとする. このとき,

$$0 < \alpha < \min\left\{\frac{1}{L}, \frac{|y_0|}{M}\right\} \tag{A.2.4}$$

であれば, 1階常微分方程式の初期値問題 (A.2.1) の解 $y(x)$ で区間 $[x_0, x_0 + \alpha]$ 上 C^1 級かつ

$$\sup_{x_0 \leq x \leq x_0 + \alpha} |y(x)| \leq 2|y_0| \tag{A.2.5}$$

を満たすものが唯一つ存在する.

　解の一意存在性定理の証明には, 関数列の収束についての次の 2 つの事実が重要となる.

Point A.8 （コーシーの収束条件）

区間 $I \subset \mathbb{R}$ 上の関数列 $\{f_n(x)\}_{n=0}^{\infty}$ が

$$\lim_{m,n \to \infty} \sup_{x \in I} |f_m(x) - f_n(x)| = 0$$

を満たすとき, $f_n(x)$ は I 上のある関数 $f(x)$ に一様収束する. つまり,

$$\lim_{n \to \infty} \sup_{x \in I} |f_n(x) - f(x)| = 0$$

が成立する.

Point A.9 （連続関数列の項別積分）

区間 $I = [a, b]$ 上の連続関数列 $\{f_n(x)\}_{n=0}^{\infty}$ が I 上の関数 $f(x)$ に一様収束している
とする．このとき $f(x)$ も I 上連続であり，

$$\lim_{n \to \infty} \int_a^b f_n(x)dx = \int_a^b f(x)dx$$

が成立する．

Point A.8 は関数列の一様収束を判定するための条件の一つであり，Point A.9 は関数
列の項別積分可能性について述べたものである（詳しくは [杉浦] を参照のこと）．以下で
は，これらを用いて解の一意存在性定理を証明する．

Point A.7 の証明

Step 1. （積分方程式への書き換え）

常微分方程式 (A.2.1) の第 1 式を閉区間 $[x_0, x]$ で積分すると，

$$y(x) - y(x_0) = \int_{x_0}^x F(t, y(t))dt$$

となる．ここで初期条件 $y(x_0) = y_0$ を代入し，y_0 を右辺に移項すると積分方程式

$$y(x) = y_0 + \int_{x_0}^x F(t, y(t))dt \quad (x_0 \leq x \leq x_0 + \alpha) \tag{A.2.6}$$

が得られる．そこで

$$\Phi(x) = y_0 + \int_{x_0}^x F(t, y(t))dt$$

とおく．すると，

$$\text{(i) 任意の } x \in [x_0, x_0 + \alpha] \text{ に対して } (x, y(x)) \in K$$

が成立すれば，

$$\text{(ii) 任意の } x \in [x_0, x_0 + \alpha] \text{ に対して } (x, \Phi(x)) \in K$$

が成立することがわかる．実際，もし (i) が成立していれば，仮定 (A.2.3) により任意の
$x \in [x_0, x_0 + \alpha]$ に対して

$$|F(t, y(t))| \leq M \quad (x_0 \leq t \leq x)$$

となるため，

$$|\Phi(x)| \leq |y_0| + \int_{x_0}^x |F(t, y(t))|dt \leq |y_0| + M(x - x_0) \leq |y_0| + M\alpha$$

が得られる．さらに α についての仮定 (A.2.4) より

$$0 < \alpha < \frac{|y_0|}{M}$$

であるので，$|\Phi(x)| \leq 2|y_0|$ が導かれる．すなわち $(x, \Phi(x)) \in K$ が成立する．

Step 2.　（関数列の構成と解の存在）

　任意の $x \in [x_0, x_0 + \alpha]$ に対して $(x, y_0) \in K$ が成立すること，および Step 1 の議論に注意し，関数列 $\{y_n(x)\}_{n=0}^{\infty}$ を

$$y_0(x) = y_0, \quad y_n(x) = y_0 + \int_{x_0}^{x} F(t, y_{n-1}(t))dt \quad (n = 1, 2, 3, \cdots) \tag{A.2.7}$$

により定める．すると，$F(x, y)$ の連続性により，$\{y_n(x)\}_{n=0}^{\infty}$ は $[x_0, x_0+\alpha]$ 上の連続関数列であることが数学的帰納法により示される．このとき，もし $\{y_n(x)\}_{n=0}^{\infty}$ が $[x_0, x_0+\alpha]$ 上のある関数 $y_*(x)$ に一様収束していれば，極限関数 $y_*(x)$ は区間 $[x_0, x_0 + \alpha]$ 上 C^1 級かつ (A.2.5) を満たし，積分方程式 (A.2.6) の解となる．以下ではそのことを示す．

　まず，$\lim_{n \to \infty} y_n(x) = y_*(x)$ $(x_0 \leq x \leq x_0 + \alpha)$ が一様収束の意味で成立しているとする（実際に成立していることを Step 3 で示す）．このとき Point A.9 により $y_*(x)$ も $[x_0, x_0 + \alpha]$ 上連続であり，$F(x, y)$ のリプシッツ連続性から $\lim_{n \to \infty} F(t, y_n(t)) = F(t, y_*(t))$ $(x_0 \leq t \leq x)$ も一様収束の意味で成立する（各自確認せよ）．したがって，(A.2.7) の第 2 式の両辺において $n \to \infty$ とすれば，再び Point A.9 により n についての極限と t についての積分は交換可能であり，$x_0 \leq x \leq x_0 + \alpha$ に対して

$$y_*(x) = y_0 + \int_{x_0}^{x} F(t, y_*(t))dt$$

が成立する．すなわち，$y_*(x)$ は積分方程式 (A.2.6) の解となる．さらに，微分積分学の基本定理から $y_*(x)$ は $[x_0, x_0 + \alpha]$ で微分可能であり，

$$y_*'(x) = F(x, y_*(x))$$

が成立する．また，$F(x, y)$ と $y_*(x)$ の連続性から $y_*'(x)$ は $[x_0, x_0 + a]$ 上連続となる．つまり $y_*(x)$ は $[x_0, x_0 + \alpha]$ 上 C^1 級となる．なお，Step 1 で $\Phi(x)$ に対して行った計算と同様にして，

$$\sup_{x_0 \leq x \leq x_0 + \alpha} |y_*(x)| \leq 2|y_0|$$

も得られる．以上により，$y_*(x)$ は常微分方程式の初期値問題 (A.2.1) の解であり，(A.2.5) を満たす．

Step 3　（関数列の収束）

　次に，Step 2 で定めた関数列 $\{y_n(x)\}_{n=0}^{\infty}$ が一様収束することを示す．そのためには，$\{y_n(x)\}_{n=0}^{\infty}$ が Point A.8 の仮定を満たしていることを確認すればよい．すなわち，

$$A_{m,n} = \sup_{x_0 \leq x \leq x_0 + \alpha} |y_m(x) - y_n(x)|$$

とおくとき, $\lim\limits_{m,n\to\infty} A_{m,n} = 0$ を示せばよい. そこで $B_k = A_{k+1,k}$ とおく. 関数列 $\{y_n(x)\}_{n=0}^{\infty}$ の定め方により, $k = 1, 2, 3, \cdots$ に対して

$$y_{k+1}(x) - y_k(x) = \left(y_0 + \int_{x_0}^{x} F(t, y_k(t))dt\right) - \left(y_0 + \int_{x_0}^{x} F(t, y_{k-1}(t))dt\right)$$
$$= \int_{x_0}^{x} (F(t, y_k(t)) - F(t, y_{k-1}))dt$$

となるので, $F(x, y)$ のリプシッツ連続性 (A.2.2) から $x \in [x_0, x_0 + \alpha]$ に対して

$$|y_{k+1}(x) - y_k(x)| \le \int_{x_0}^{x} |F(t, y_k(t)) - F(t, y_{k-1}(t))|dt$$
$$\le L \int_{x_0}^{x} |y_k(t) - y_{k-1}(t)|dt$$
$$\le LB_{k-1}(x - x_0)$$

が得られる. ここで $x_0 \le x \le x_0 + \alpha$ についての上限をとれば

$$B_k \le L\alpha B_{k-1}$$

となるため, $k = 1, 2, 3, \cdots$ に対して

$$B_k \le (L\alpha)^k B_0$$

が導かれる. さらに, $m \ge n$ に対して三角不等式から

$$A_{m,n} \le \sum_{k=n}^{m-1} B_k$$

となることに注意する. 以上により, 等比数列の和の公式から

$$0 \le A_{m,n} \le \sum_{k=n}^{m-1} B_k \le \sum_{k=n}^{m-1} (L\alpha)^k B_0 = \frac{(L\alpha)^n - (L\alpha)^m}{1 - L\alpha} B_0$$

が得られる. ここで α についての仮定 (A.2.4) により $0 < L\alpha < 1$ なので,

$$\lim_{m,n\to\infty} \frac{(L\alpha)^n - (L\alpha)^m}{1 - L\alpha} B_0 = 0$$

となる. したがって $\lim\limits_{m,n\to\infty} A_{m,n} = 0$ が導かれるため, Point A.8 から $y_n(x)$ はある関数 $y_*(x)$ に $[x_0, x_0 + \alpha]$ 上一様収束する.

Step 4 (解の一意性)

　最後に, 初期値問題 (A.2.1) の解で (A.2.5) を満たすものは唯一つしかないことを示す. そこで, $y(x), z(x)$ は共に (A.2.5) を満たす (A.2.1) の解とし,

$$Q = \sup_{x_0 \le x \le x_0 + \alpha} |y(x) - z(x)|$$

とおく. このとき, $y(x)$, $z(x)$ は積分方程式 (A.2.6) を満たすため,

$$y(x) = y_0 + \int_{x_0}^x F(t, y(t))dt, \quad z(x) = y_0 + \int_{x_0}^x F(t, z(t))dt$$

が成立する. また, (A.2.5) により $(x, y(x)) \in K$ および $(x, z(x)) \in K$ が成立する. したがって, $F(x, y)$ のリプシッツ連続性 (A.2.2) から $x_0 \leq x \leq x_0 + \alpha$ に対して

$$|y(x) - z(x)| \leq \int_{x_0}^x |F(t, y(t)) - F(t, z(t))|dt \leq L \int_{x_0}^x |y(t) - z(t)|dt \leq L\alpha Q$$

が得られる. ここで $x_0 \leq x \leq x_0 + \alpha$ についての上限をとれば

$$Q \leq L\alpha Q$$

となるため, $(1 - L\alpha)Q \leq 0$ である. ここで $Q \geq 0$ であり, α についての仮定 (A.2.4) により $0 < L\alpha < 1$ なので, $Q = 0$ でなければならない. すなわち

$$\sup_{x_0 \leq x \leq x_0 + \alpha} |y(x) - z(x)| = 0$$

となる. これより, 任意の $x \in [x_0, x_0 + \alpha]$ に対して $y(x) = z(x)$ となる. □

注意 A.6 解の一意存在性定理は

$$K = \{(x, y) \in \mathbb{R}^2 \mid |x - x_0| \leq \alpha, \ |y - y_0| \leq \beta\}$$

とした場合にも同様にして証明することができる. ただし, $x_0 - \alpha \leq x \leq x_0$ の場合には積分区間に気を付けなければならない. 実際,

$$\left| \int_{x_0}^x F(t, y(t))dt \right| \leq \int_{x_0}^x |F(t, y(t))|dt$$

は成立せず, その代わりに

$$\left| \int_{x_0}^x F(t, y(t))dt \right| \leq \int_x^{x_0} |F(t, y(t))|dt$$

が成立する. このような煩雑さを避けるため, 本書では x の範囲を $[x_0, x_0 + \alpha]$ に制限した. また, 解の存在幅 α と初期値の大きさ $|y_0|$ の関係性を明確にするために, y の範囲を $|y - y_0| \leq \beta$ の形ではなく $|y| \leq 2|y_0|$ とした. ◇

注意 A.7 Point A.7 の証明の鍵は, 積分方程式 (A.2.6) の右辺の $y(t)$ に $y_0(t)$, $y_1(t)$, $y_2(t)$, $\cdots$ を次々と代入して作った関数列 $\{y_n(x)\}_{n=0}^{\infty}$ が, 初期値問題の解に収束することであった. このように, 次々と (逐次) 同じ操作を繰り返すことで目的の対象に収束する列 (近似列) を作る方法を, **逐次近似法**と呼ぶ (特に, Point A.7 の証明はピカールの逐次近似法と呼ばれている). ◇

　解の一意存在性定理を用いると, 次のことが得られる.

Point A.10（解の一意存在性定理の応用 I）

1 変数関数 $G(y)$ は $G(0) = 0$ を満たしているとする．また，ある $T > 0$ と $p > 1$ が存在して，任意の $y_1, y_2 \in \mathbb{R}$ に対して

$$|G(y_1) - G(y_2)| \leq T(|y_1|^{p-1} + |y_2|^{p-1})|y_1 - y_2|$$

が成立しているとする（例えば $G(y) = |y|^p$）．このとき，

$$0 < \alpha < \frac{1}{2^p |y_0|^{p-1} T}$$

であれば，常微分方程式の初期値問題

$$\begin{cases} \dfrac{dy}{dx}(x) = G(y(x)), & x_0 \leq x \leq x_0 + \alpha, \\ y(x_0) = y_0 \end{cases}$$

の解 $y(x)$ で区間 $[x_0, x_0 + \alpha]$ 上 C^1 級かつ

$$\sup_{x_0 \leq x \leq x_0 + \alpha} |y(x)| \leq 2|y_0|$$

を満たすものが唯一つ存在する．

証明 まず $K = \{(x, y) \in \mathbb{R}^2 \mid x_0 \leq x \leq x_0 + \alpha,\ |y| \leq 2|y_0|\}$ とし，$F(x, y) = G(y)$ とおく（つまり $F(x, y)$ は x に依存しない 2 変数関数とみなす）．すると，任意の (x, y_1), $(x, y_2) \in K$ に対して

$$\begin{aligned} |F(x, y_1) - F(x, y_2)| = |G(y_1) - G(y_2)| &\leq T(|y_1|^{p-1} + |y_2|^{p-1})|y_1 - y_2| \\ &\leq T(2^{p-1}|y_0|^{p-1} + 2^{p-1}|y_0|^{p-1})|y_1 - y_2| \\ &= 2^p |y_0|^{p-1} T |y_1 - y_2| \end{aligned}$$

が成立するため，$F(x, y)$ は K 上 y についてリプシッツ連続である．また，任意の $(x, y) \in K$ に対して

$$|F(x, y)| = |G(y)| = |G(y) - G(0)| \leq T(|y|^{p-1} + |0|^{p-1})|y - 0| = T|y|^p \leq 2^p |y_0|^p T$$

が成立する．そこで，$L = 2^p |y_0|^{p-1} T$, $M = 2^p |y_0|^p T$ とおけば

$$\frac{1}{L} = \frac{|y_0|}{M} = \frac{1}{2^p |y_0|^{p-1} T}$$

となるので，Point A.7 から示すべき主張が導かれる． $\square$

Point A.10 は，次のように一般化できる（ただし煩雑さを避けるため，$x_0 = 0$ としてある）．

Point A.11（解の一意存在性定理の応用 II）

常微分方程式の初期値問題

$$\begin{cases} \dfrac{dy}{dx}(x) + \gamma y(x) = G(y(x)), & 0 \le x \le \alpha, \\ y(0) = y_0 \end{cases} \tag{A.2.8}$$

を考える．ここで $\gamma \in \mathbb{R}$ は定数であり，1 変数関数 $G(y)$ は $G(0) = 0$ を満たしているとする．また，ある $T > 0$ と $p > 1$ が存在して，任意の $y_1, y_2 \in \mathbb{R}$ に対して

$$|G(y_1) - G(y_2)| \le T(|y_1|^{p-1} + |y_2|^{p-1})|y_1 - y_2|$$

が成立しているとする．このとき，次が成立する．

(i) $\tilde{\gamma} = \max\{-\gamma, 0\}$ とおくとき，

$$0 < \alpha e^{(p-1)\tilde{\gamma}\alpha} < \frac{1}{2^p |y_0|^{p-1} T}$$

であれば，(A.2.8) の解 $y(x)$ で区間 $[0, \alpha]$ 上 C^1 級かつ

$$\sup_{0 \le x \le \alpha} |e^{\gamma x} y(x)| \le 2|y_0|$$

を満たすものが唯一つ存在する．

(ii) $\gamma > 0$ とするとき，

$$|y_0|^{p-1} < \frac{\gamma(p-1)}{2^p T} \tag{A.2.9}$$

であれば，任意の $\alpha > 0$ に対して (A.2.8) の解 $y(x)$ で区間 $[0, \alpha]$ 上 C^1 級かつ

$$\sup_{0 \le x \le \alpha} |e^{\gamma x} y(x)| \le 2|y_0|$$

を満たすものが唯一つ存在する．

証明　まず，$z(x) = e^{\gamma x} y(x)$ とおくと $z(0) = y(0)$ であり，積の微分の計算から

$$\frac{dz}{dx}(x) = \frac{d}{dx}(e^{\gamma x} y(x)) = e^{\gamma x}\left(\frac{dy}{dx}(x) + \gamma y(x)\right)$$

が導かれるため，$y(x)$ が初期値問題 (A.2.8) を満たすことと $z(x)$ が初期値問題

$$\begin{cases} \dfrac{dz}{dx}(x) = e^{\gamma x} G(e^{-\gamma x} z(x)), & 0 \le x \le \alpha, \\ z(0) = y_0 \end{cases} \tag{A.2.10}$$

を満たすことは同値である．したがって，(A.2.10) の解の一意存在性について考えれば

よい. そこで, $K = \{(x,z) \in \mathbb{R}^2 \mid x_0 \le x \le x_0 + \alpha, \ |z| \le 2|y_0|\}$ とし,

$$F(x,z) = e^{\gamma x} G(e^{-\gamma x} z)$$

とおくと, 任意の $(x, z_1), (x, z_2) \in K$ に対し,

$$
\begin{aligned}
|F(x, z_1) - F(x, z_2)| &= e^{\gamma x} |G(e^{-\gamma x} z_1) - G(e^{-\gamma x} z_2)| \\
&\le e^{\gamma x} T(|e^{-\gamma x} z_1|^{p-1} + |e^{-\gamma x} z_2|^{p-1}) |e^{-\gamma x} z_1 - e^{-\gamma x} z_2| \\
&= T e^{-(p-1)\gamma x} (|z_1|^{p-1} + |z_2|^{p-1}) |z_1 - z_2| \\
&\le 2^p T e^{-(p-1)\gamma x} |y_0|^{p-1} |z_1 - z_2|
\end{aligned}
$$

$$\text{(A.2.11)}$$

が成立する. また, 任意の $(x, z) \in K$ に対し,

$$
\begin{aligned}
|F(x, z)| &= e^{\gamma x} |G(e^{-\gamma x} z)| = e^{\gamma x} |G(e^{-\gamma x} z) - G(0)| \\
&\le e^{\gamma x} T(|e^{-\gamma x} z|^{p-1} + |0|^{p-1}) |z - 0| \\
&= T e^{-(p-1)\gamma x} |z|^p \le 2^p T e^{-(p-1)\gamma x} |y_0|^p
\end{aligned}
$$

$$\text{(A.2.12)}$$

が成立する.

(i) $\tilde{\gamma} = \max\{-\gamma, 0\}$ とおくと, $\gamma \ge 0$ のとき $\tilde{\gamma} = 0 \ge -\gamma$ となり, $\gamma < 0$ のとき $\tilde{\gamma} = -\gamma$ となるため, いずれの場合も $-\gamma \le \tilde{\gamma}$ であることがわかる. したがって, 任意の $x \in [0, \alpha]$ に対して

$$e^{-(p-1)\gamma x} \le e^{(p-1)\tilde{\gamma} x} \le e^{(p-1)\tilde{\gamma} \alpha}$$

が得られる. これより, (A.2.11) から任意の $(x, z_1), (x, z_2) \in K$ に対して

$$|F(x, z_1) - F(x, z_2)| \le 2^p T e^{(p-1)\tilde{\gamma} \alpha} |y_0|^{p-1} |z_1 - z_2|$$

が成立し, (A.2.12) から任意の $(x, z) \in K$ に対して

$$|F(x, z)| \le 2^p T e^{(p-1)\tilde{\gamma} \alpha} |y_0|^p$$

が成立する. そこで, $L = 2^p T e^{(p-1)\tilde{\gamma} \alpha} |y_0|^{p-1}$, $M = 2^p T e^{(p-1)\tilde{\gamma} \alpha} |y_0|^p$ とおけば,

$$\frac{1}{L} = \frac{|y_0|}{M} = \frac{1}{2^p |y_0|^{p-1} T} e^{-(p-1)\tilde{\gamma} \alpha}$$

なので, Point A.7 から示すべき主張が導かれる.

(ii) $\gamma > 0$ とするとき, 任意の $x \in [0, \alpha]$ に対して

$$e^{-(p-1)\gamma x} \le 1$$

が得られる．いま，$x \in [0, \alpha]$ に対して，Point A.7 の証明の Step 1 と同様にして

$$\Phi(x) = y_0 + \int_0^x F(t, z(t))dt$$

とおく．すると，もし任意の $x \in [0, \alpha]$ に対して $(x, z(x)) \in K$ が成立していれば，(A.2.12) から

$$\begin{aligned} |\Phi(x)| &\le |y_0| + \int_0^x |F(t, z(t))|dt \le |y_0| + 2^p T|y_0|^p \int_0^x e^{-(p-1)\gamma t}dt \\ &= |y_0| + \frac{2^p T|y_0|^p}{(p-1)\gamma}(1 - e^{-(p-1)\gamma x}) \\ &\le |y_0| + \frac{2^p T|y_0|^p}{(p-1)\gamma} \end{aligned}$$

が得られる．特に，y_0 が (A.2.9) を満たしていれば，

$$|\Phi(x)| \le 2|y_0|$$

が導かれ，$(x, \Phi(x)) \in K$ が成立する．そこで，関数列 $\{z_n(x)\}_{n=0}^{\infty}$ を

$$z_0(x) = y_0, \quad z_n(x) = y_0 + \int_0^x F(t, z_{n-1})(t)dt$$

により定める．すると，(A.2.11) から

$$\begin{aligned} |z_{k+1}(x) - z_k(x)| &\le \int_0^x |F(t, z_k(t)) - F(t, z_{k-1}(t))|dt \\ &\le 2^p T|y_0|^{p-1} \int_0^x e^{-(p-1)\gamma t}|z_k(t) - z_{k-1}(t)|dt \\ &\le 2^p T|y_0|^{p-1} \left(\sup_{0 \le x \le \alpha} |z_k(x) - z_{k-1}(x)| \right) \int_0^x e^{-(p-1)\gamma t}dt \\ &= \frac{2^p T|y_0|^{p-1}}{\gamma(p-1)}(1 - e^{-(p-1)\gamma x}) \sup_{0 \le x \le \alpha} |z_k(x) - z_{k-1}(x)| \\ &\le \frac{2^p T|y_0|^{p-1}}{\gamma(p-1)} \sup_{0 \le x \le \alpha} |z_k(x) - z_{k-1}(x)| \end{aligned}$$

が得られる．したがって，

$$B_k = \sup_{0 \le x \le \alpha} |z_{k+1}(x) - z_k(x)|$$

とおくと，

$$R = \frac{2^p T|y_0|^{p-1}}{\gamma(p-1)}$$

を公比とした等比数列型の不等式

$$B_k \leq RB_{k-1}$$

が導かれる. 特に, y_0 が (A.2.9) を満たしていれば, $0 < R < 1$ であるため, Point A.7 の証明の Step 3 と同様にして $\lim_{n \to \infty} z_n(x)$ は (A.2.10) の解に一様収束することがわかる. □

注意 A.8 Point A.11 の (i) では, $\alpha > 0$ の大きさは制限されているため, 解 $y(x)$ は限られた有界区間内でしか定義されない. このような解を局所解と呼ぶ. 一方 (ii) では, $\alpha > 0$ は任意にとれるので, 解 $y(x)$ は任意の有界区間 $[0, \alpha]$ で定義される. このような解を大域解と呼ぶ. ただし, 任意の初期値 y_0 に対して大域解を得ることは一般に難しく, (ii) のように y_0 の大きさに制限が与えられることが多い. ◇

注意 A.9 $y_0 > 0$, $G(y) = |y|^p$ のとき, (A.2.8) の解は具体的に求められ,

$$y(x) = \left(\frac{1}{1 + \gamma^{-1}(e^{-\gamma(p-1)x} - 1)y_0^{p-1}} \right)^{\frac{1}{p-1}} e^{-\gamma x} y_0$$

となる (なお, p が自然数で $G(y) = y^p$ のときは, (A.2.8) はベルヌーイ型 (4.2.3 節を参照) である). したがって, $\gamma < 0$ の場合には初期値 y_0 の大きさをどれだけ小さくしたとしても,

$$x_c = \frac{1}{|\gamma|(p-1)} \log\left(1 + |\gamma|y_0^{-(p-1)}\right) > 0$$

において解は無限大に発散してしまう. すなわち, $\lim_{x \to x_c - 0} y(x) = \infty$ となってしまう. このような現象を解の爆発と呼ぶ. この例では $y_0 \to \infty$ のとき $x_c \to +0$ となるため, 初期値が大きいほど爆発が早く生じることがわかる. ◇

A.3 初期値・境界値問題の解の正当性

第 5 章では熱方程式, 波動方程式の初期値・境界値問題, およびラプラス方程式の境界値問題の解を, フーリエ級数展開を用いて構成した. その際に, 無限和と偏微分の交換可能性等を認めて用いた. 本節では, それらの計算の正当化を行う. ただし, 紙面の都合上, 熱方程式の初期値・境界値問題のみを取り上げることとする (波動方程式の初期値・境界値問題やラプラス方程式の境界値問題の数学的正当性については, 例えば [堤] を参照されたい). 本節では, 数直線上の区間 I と J に対し, $x \in I$, $t \in J$ で定義された連続関数 $f(x, t)$ の全体を $C(I \times J)$ で表す. ここで, 集合 $\{(x, t) \mid x \in I,\ t \in J\}$ を $I \times J$ で表した. また, $x \in I$ と $t \in J$ について無限回微分可能関数 $f(x, t)$ の全体を $C^\infty(I \times J)$ で表す.

熱方程式の初期値・境界値問題

$$\begin{cases} \dfrac{\partial u}{\partial t} = c\dfrac{\partial^2 u}{\partial x^2}, & 0 < x < \pi,\ t > 0, & \text{(A.3.1)} \\[2mm] u(x,0) = \varphi(x), & 0 \le x \le \pi, & \text{(A.3.2)} \\[2mm] u(0,t) = u(\pi,t) = 0, & t > 0 & \text{(A.3.3)} \end{cases}$$

の形式解は,

$$u(x,t) = \sum_{n=1}^{\infty} \varphi_n e^{-cn^2 t} \sin nx, \quad \varphi_n = \frac{2}{\pi}\int_0^\pi \varphi(x)\sin nx\ dx$$

であった. この形式解が境界条件 (A.3.3) を満たしていることは直ちにわかるが, 熱方程式 (A.3.1) と初期条件 (A.3.2) を満たしているかは自明ではない. まず, 形式解が熱方程式 (A.3.1) を満たすかどうかは, 第 5 章で行った無限和と偏微分の交換可能性の正当化に委ねられる. したがって, 数学的に問題となるのは

$$\left\lceil \frac{\partial}{\partial x} \text{や} \frac{\partial}{\partial t} \text{と} \sum_{n=1}^{\infty} \text{が交換可能か?}\right\rfloor$$

ということである. これは, 形式解 $u(x,t)$ は項別微分可能か? と言い換えられる. 次に, 初期条件 (A.3.2) について考えよう. もし初期値 $\varphi(x)$ が $[0,\pi]$ 上連続かつ区分的に滑らかであり, 適合条件 $\varphi(0) = \varphi(\pi) = 0$ を満たしていれば, Point A.4 (注意 A.4 も参照せよ) によって $\varphi(x)$ を奇関数拡張した周期関数 $\widetilde{\varphi}(x)$ のフーリエ級数は $\widetilde{\varphi}(x)$ に収束するため, 形式解が初期条件を満たすこともわかる. しかし, $t \to +0$ としたときの形式解の極限が初期値 $\varphi(x)$ に一致するか (つまり, $t = 0$ における連続性が成り立つか) は別問題である. この問いについて数学的に問題となるのは

$$\left\lceil \lim_{t \to +0} \text{と} \sum_{n=1}^{\infty} \text{が交換可能か?}\right\rfloor$$

ということである. さらに, 形式解が熱方程式 (A.3.1), 初期条件 (A.3.2), および境界条件 (A.3.3) をすべて満たしていたとしても, それは解の存在が示されただけであり, 一意性については言及されていない. つまり, 解き方によって解が異ならない (違う方法で作った 2 つの解は同じものになる) ことは保証されていない. 以上のことを踏まえて, 形式解 $u(x,t)$ に対して次の数学的考察を行う.

考察 1. $u(x,t)$ は項別微分可能か?

考察 2. $u(x,t) \to \varphi(x)$ $(t \to +0)$ は成立するか?

考察 3. 初期値・境界値問題の解 $u(x,t)$ は高々 1 つか? (解の一意性)

これらの考察を行うにあたり, A.1 節で述べた関数列の一様収束の定義を 2 変数関数に拡張しておく. 集合 $I \times J$ 上の 2 変数関数の列 $\{f_n(x,t)\}_{n=1}^{\infty}$ および 2 変数関数 $f(x,t)$ に対し,

$$\lim_{n \to \infty} \sup_{x \in I, t \in J} |f(x,t) - f_n(x,t)| = 0$$

が成立するとき，$\{f_n(x,t)\}_{n=1}^{\infty}$ は $I \times J$ 上 $f(x,t)$ に一様収束するという．また，関数項級数

$$s_N(x,t) = \sum_{n=1}^{N} f_n(x,t)$$

が 2 変数関数 $s(x,t)$ に一様収束するとき，級数 $\displaystyle\sum_{n=1}^{\infty} f_n(x,t)$ は $s(x,t)$ に一様収束するという．2 変数関数の場合にも，一様収束による極限関数の連続性（Point A.1），項別微分定理（Point A.2），ワイエルシュトラスの M 判定法（Point A.3）と同様のことが成立する．

　以下では，上で述べた 3 つの考察に対する結論を記す．

考察 1 について
関数 $\varphi(x)$ は $[0, \pi]$ 上連続とし，$c > 0$ とする．このとき，

$$u(x,t) = \sum_{n=1}^{\infty} \varphi_n e^{-cn^2 t} \sin nx, \quad \varphi_n = \frac{2}{\pi} \int_0^{\pi} \varphi(x) \sin nx \, dx$$

により定まる関数 $u(x,t)$ は，x, t に関して項別微分可能であり，$C^{\infty}([0, \pi] \times (0, \infty))$ に属する．さらに，$u(x,t)$ は熱方程式 (A.3.1) を満たす．

証明 任意の $\tau > 0$ に対して $u(x,t)$ が $C^{\infty}([0, \pi] \times [\tau, \infty))$ に属することを示せばよい．そのために，ワイエルシュトラスの M 判定法を用いて $u(x,t)$ およびその偏導関数の一様収束性を示す．

　まず，$\varphi(x)$ は閉区間 $[0, \pi]$ 上連続なので有界である（注意 A.1 を参照）．したがって，

$$M = \sup_{x \in [0,\pi]} |\varphi(x)|$$

とおけば $0 \le M < \infty$ である．このことと $|\sin nx| \le 1$ より

$$|\varphi_n| \le \frac{2}{\pi} \int_0^{\pi} |\varphi(x)||\sin nx| \, dx \le 2M$$

となるので，$x \in [0, \pi]$, $t \in [\tau, \infty)$ に対して

$$\left| \varphi_n e^{-cn^2 t} \sin nx \right| \le |\varphi_n| e^{-cn^2 t} \le 2M e^{-cn^2 \tau}$$

が成立する．ここで

$$2M \sum_{n=1}^{\infty} e^{-cn^2 \tau} < \infty$$

となるため, M 判定法から級数 $u(x,t) = \displaystyle\sum_{n=1}^{\infty} \varphi_n e^{-cn^2 t} \sin nx$ は $[0,\pi] \times [\tau, \infty)$ 上で一様収束する. さらに, 任意の $\alpha = 0, 1, 2, \cdots, \beta = 0, 1, 2, \cdots$ に対し,

$$\left| \frac{\partial^{\alpha+\beta}}{\partial x^\alpha \partial t^\beta} \varphi_n e^{-cn^2 t} \sin nx \right| \leq |\varphi_n| c^\beta n^{\alpha+2\beta} e^{-cn^2 \tau} \leq 2Mc^\beta n^{\alpha+2\beta} e^{-cn^2 \tau}$$

が $[0,\pi] \times [\tau, \infty)$ 上で成立し,

$$2Mc^\beta \sum_{n=1}^{\infty} n^{\alpha+2\beta} e^{-cn^2 \tau} < \infty$$

となるため, M 判定法から級数

$$\sum_{n=1}^{\infty} \frac{\partial^{\alpha+\beta}}{\partial x^\alpha \partial t^\beta} \varphi_n e^{-cn^2 t} \sin nx$$

は $[0,\pi] \times [\tau, \infty)$ 上で一様収束する. したがって, 項別微分定理から $u(x,t)$ は x, t について何回でも項別微分可能であり, $\alpha = 0, 1, 2, \cdots$ と $\beta = 0, 1, 2, \cdots$ に対して

$$\frac{\partial^{\alpha+\beta}}{\partial x^\alpha \partial t^\beta} u(x,t) = \frac{\partial^{\alpha+\beta}}{\partial x^\alpha \partial t^\beta} \sum_{n=1}^{\infty} \varphi_n e^{-cn^2 t} \sin nx$$
$$= \sum_{n=1}^{\infty} \frac{\partial^{\alpha+\beta}}{\partial x^\alpha \partial t^\beta} \varphi_n e^{-cn^2 t} \sin nx$$

が成り立つ. また, 一様収束による極限関数の連続性から, $\dfrac{\partial^{\alpha+\beta}}{\partial x^\alpha \partial t^\beta} u(x,t)$ が $[0,\pi] \times [\tau, \infty)$ 上連続であることもわかる.

以上により, $u(x,t)$ は $C^\infty([0,L] \times (0,\infty))$ に属する. また, 項別微分可能性から

$$\frac{\partial}{\partial t} u(x,t) = \sum_{n=1}^{\infty} \varphi_n \left(\frac{\partial}{\partial t} e^{-cn^2 t} \right) \sin nx = -c \sum_{n=1}^{\infty} \varphi_n n^2 e^{-cn^2 t} \sin nx,$$
$$\frac{\partial^2}{\partial x^2} u(x,t) = \sum_{n=1}^{\infty} \varphi_n e^{-cn^2 t} \left(\frac{\partial^2}{\partial x^2} \sin nx \right) = -\sum_{n=1}^{\infty} \varphi_n n^2 e^{-cn^2 t} \sin nx$$

となるので, $u(x,t)$ が熱方程式 (A.3.1) を満たすことがわかる. □

注意 A.10 上の議論から $u(x,t)$ が $[0,\pi] \times (0,\infty)$ 上で連続であることはわかるが, $t=0$ における連続性については言及されていない. これについては, 次の考察 2 に対する結論で得られる. ◇

考察 2 について

関数 $\varphi(x)$ は $[0,\pi]$ において C^2 級かつ適合条件 $\varphi(0) = \varphi(\pi) = 0$ を満たすとする. このとき,

$$u(x,t) = \sum_{n=1}^{\infty} \varphi_n e^{-cn^2 t} \sin nx, \quad \varphi_n = \frac{2}{\pi} \int_0^\pi \varphi(x) \sin nx \, dx$$

で与えられる関数 $u(x,t)$ は, $C([0,\pi] \times [0,\infty))$ に属する. 特に,

$$\lim_{t \to +0} u(x,t) = u(x,0) = \varphi(x)$$

が成り立つ.

証明 関数 $\varphi(x)$ は $[0,\pi]$ 上 C^2 級であることから, 連続かつ区分的に滑らかである. さらに適合条件 $\varphi(0) = \varphi(\pi) = 0$ を満たすので, Point A.4 (および注意 A.4) により, $\varphi(x)$ を奇関数拡張した周期関数 $\widetilde{\varphi}(x)$ のフーリエ級数は $\widetilde{\varphi}(x)$ に収束する. 特に, $x \in [0,\pi]$ に対して

$$\varphi(x) = \sum_{n=1}^{\infty} \varphi_n \sin nx$$

が成立する. これより $\varphi(x) = u(x,0)$ が得られる.

次に, $\varphi(x)$ は 2 回微分可能かつ適合条件 $\varphi(0) = \varphi(\pi) = 0$ を満たすので, 部分積分により

$$
\begin{aligned}
\varphi_n &= \frac{2}{\pi} \int_0^\pi \varphi(x) \sin nx \, dx \\
&= \frac{2}{\pi} \left\{ \underbrace{\left[-\frac{1}{n}\varphi(x)\cos nx \right]_0^\pi}_{0} + \frac{1}{n} \int_0^\pi \varphi'(x) \cos nx \, dx \right\} \\
&= \frac{2}{n\pi} \left\{ \left[\frac{1}{n}\varphi'(x)\sin nx \right]_0^\pi - \frac{1}{n} \int_0^\pi \varphi''(x) \sin nx \, dx \right\} \\
&= -\frac{2}{n^2 \pi} \int_0^\pi \varphi''(x) \sin nx \, dx
\end{aligned}
$$

となる. したがって, $x \in [0,\pi]$, $t \in [0,\infty)$ に対して

$$\left| \varphi_n e^{-cn^2 t} \sin nx \right| \leq |\varphi_n| \leq \left(\frac{2}{\pi} \sup_{x \in [0,\pi]} |\varphi''(x)| \right) \cdot \frac{1}{n^2}$$

が得られる. いま, $\varphi(x)$ は C^2 級であることから $\varphi''(x)$ は連続である. よって $\varphi''(x)$ は有界なので (注意 A.1 を参照),

$$M = \sup_{x \in [0,\pi]} |\varphi''(x)|$$

とおくと $0 \leq M < \infty$ となる．このことと

$$\sum_{n=1}^{\infty} \frac{1}{n^2} = \frac{\pi^2}{6} < \infty$$

であることを用いると，

$$\sum_{n=1}^{\infty} \left(\frac{2}{\pi} \sup_{x \in [0,\pi]} |\varphi''(x)| \right) \cdot \frac{1}{n^2} = \frac{2M}{\pi} \sum_{n=1}^{\infty} \frac{1}{n^2} = \frac{M\pi}{3} < \infty$$

を得る．よって，ワイエルシュトラスの M 判定法より $u(x,t)$ は $[0,\pi] \times [0,\infty)$ 上で一様収束する．したがって一様収束による極限関数の連続性から，$u(x,t)$ は $[0,\pi] \times [0,\infty)$ 上連続となり，

$$\lim_{t \to +0} u(x,t) = u(x,0)$$

が成立する．　　　　　　　　　　　　　　　　　　　　　　　　　　　　　□

注意 A.11 考察 2 については，$\varphi(x)$ が $[0,\pi]$ 上連続かつ区分的に滑らかであり，適合条件を満たすという仮定でも同様のことが成立する．その証明は，相加平均と相乗平均の関係を用いて

$$|\varphi_n| = \frac{1}{n} \cdot n|\varphi_n| \leq \frac{1}{2} \left(\frac{1}{n^2} + n^2 |\varphi_n|^2 \right)$$

と評価し，この最右辺についての和

$$\sum_{n=1}^{\infty} \frac{1}{n^2} + \sum_{n=1}^{\infty} n^2 |\varphi_n|^2$$

が有限になることを示すことで完了する．この第 2 項目の和が有限となることは

$$\varphi'(x) = \sum_{n=1}^{\infty} n\varphi_n \cos nx$$

となること，および $\varphi'(x)$ に対するベッセルの不等式から導かれる．　　　　◇

　最後に考察 3，すなわち解の一意性についての考察の結論を与えるが，その準備として積分と微分の順序交換に関する事実を 1 つ紹介する．

Point A.12　（積分記号下での微分定理）
$I = [a,b]$ とし，$J \subset \mathbb{R}$ を区間とする．また，$f(x,t)$ は $x \in I$，$t \in J$ で定義された連続関数とする．このとき，

$$F(t) = \int_a^b f(x,t)dx$$

により定義される関数 $F(t)$ は J 上連続である. また, もし $\frac{\partial f}{\partial t}(x,t)$ も $x \in I$, $t \in J$ で定義された連続関数ならば $F(t)$ は J 上 C^1 級となり,

$$\frac{dF}{dt}(t) = \int_a^b \frac{\partial f}{\partial t}(x,t)\,dx$$

がすべての $t \in J$ に対して成り立つ.

積分記号下での微分定理についても, 詳細は [杉浦] などを参照されたい.

考察 3 について

関数 $\varphi(x)$ は $[0,\pi]$ において連続かつ適合条件 $\varphi(0) = \varphi(\pi) = 0$ を満たすとする. また, $c > 0$ とする. このとき, 初期値・境界値問題 (A.3.1) − (A.3.3) の解 $u(x,t)$ で

$$C([0,\pi] \times [0,\infty)) \cap C^\infty([0,\pi] \times (0,\infty))$$

に属するものは, もし存在すれば唯一つである.

証明 いま, $\varphi(x)$ を初期値に持つ初期値・境界値問題 (A.3.1) − (A.3.3) の解で

$$C([0,\pi] \times [0,\infty)) \cap C^\infty([0,\pi] \times (0,\infty))$$

に属するものが 2 つあるとし, それらを $u(x,t)$, $v(x,t)$ とする. このとき

$$w(x,t) = u(x,t) - v(x,t)$$

とおくと, $w(x,t)$ も $C([0,\pi] \times [0,\infty)) \cap C^\infty([0,\pi] \times (0,\infty))$ に属し,

$$
\begin{cases}
\dfrac{\partial w}{\partial t} = c\dfrac{\partial^2 w}{\partial x^2}, & 0 < x < \pi,\ 0 < t < \infty, & \text{(A.3.4)} \\[2mm]
w(x,0) = 0, & 0 \le x \le \pi, & \text{(A.3.5)} \\[2mm]
w(0,t) = w(\pi,t) = 0, & 0 < t < \infty & \text{(A.3.6)}
\end{cases}
$$

を満たす. そこで, (A.3.4) の両辺に $w(x,t)$ を掛けると

$$w(x,t)\frac{\partial w}{\partial t}(x,t) = cw(x,t)\frac{\partial^2 w}{\partial x^2}(x,t)$$

が得られる. この両辺を 0 から π まで x で積分すると,

$$\int_0^\pi w(x,t)\frac{\partial w}{\partial t}(x,t)\,dx = c\int_0^\pi w(x,t)\frac{\partial^2 w}{\partial x^2}(x,t)\,dx \qquad \text{(A.3.7)}$$

となる. ここで $w(x,t)$ および $\frac{\partial w}{\partial t}(x,t)$ はいずれも $[0,\pi] \times (0,\infty)$ 上連続であるため, 積分記号下での微分定理 (Point A.12) により

$$\int_0^\pi w(x,t)\frac{\partial w}{\partial t}(x,t)\,dx = \frac{1}{2}\frac{d}{dt}\int_0^\pi w(x,t)^2\,dx$$

が $t > 0$ に対して成立する. 一方, (A.3.7) の右辺の積分は部分積分と (A.3.6) より,

$$\int_0^\pi w(x,t)\frac{\partial^2 w}{\partial x^2}(x,t)\,dx = \underbrace{\left[w(x,t)\frac{\partial w}{\partial x}(x,t)\right]_0^\pi}_{0} - \int_0^\pi \left\{\frac{\partial w}{\partial x}(x,t)\right\}^2 dx$$

$$= -\int_0^\pi \left\{\frac{\partial w}{\partial x}(x,t)\right\}^2 dx$$

となる. したがって, $I(t) = \displaystyle\int_0^\pi w(x,t)^2\,dx$ とおくと, (A.3.7) により

$$\frac{d}{dt}I(t) = -2c\int_0^\pi \left\{\frac{\partial w}{\partial x}(x,t)\right\}^2 dx \le 0$$

が $t > 0$ に対して得られる. よって $I(t)$ は $t > 0$ において単調減少なので, 任意の $0 < \tau < t$ に対して

$$0 \le I(t) \le I(\tau)$$

が成り立つ. また, $w(x,t)$ は $[0,\pi] \times [0,\infty)$ 上連続なので, 再び積分記号下での微分定理により $I(t)$ は $[0,\infty)$ 上連続である. そこで $\tau \to +0$ とすれば

$$0 \le I(t) \le I(0)$$

が得られるが, (A.3.5) より $I(0) = 0$ であるので, 任意の $t \ge 0$ に対して $I(t) = 0$ となる. このことと $w(x,t)$ の連続性から, 任意の $x \in [0,\pi]$, $t \in [0,\infty)$ に対して $w(x,t) = 0$, すなわち $u(x,t) = v(x,t)$ が得られる. □

以上, 考察 1 から考察 3 をまとめると, 次のようになる.

Point A.13 (熱方程式の初期値・境界値問題の解の一意存在)
関数 $\varphi(x)$ は $[0,\pi]$ において C^2 級とし, 適合条件 $\varphi(0) = \varphi(\pi)$ を満たしているとする. また, $c > 0$ とする. このとき, 初期値・境界値問題

$$\begin{cases} \dfrac{\partial u}{\partial t} = c\dfrac{\partial^2 u}{\partial x^2}, & 0 < x < \pi,\ 0 < t < \infty, \\ u(x,0) = u_0(x), & 0 \le x \le \pi, \\ u(0,t) = u(\pi,t) = 0, & 0 < t < \infty \end{cases}$$

の解 $u(x,t)$ で $C([0,\pi] \times [0,\infty)) \cap C^\infty([0,\pi] \times (0,\infty))$ に属するものが唯一つ存在する.

注意 A.12 Point A.13 の $\varphi(x)$ に対する C^2 級の仮定は考察 2 に由来するものである. したがって注意 A.11 で述べたように, 初期値 $\varphi(x)$ の仮定は $[0,\pi]$ 上連続かつ区分的に滑らかであり, 適合条件を満たすものに弱めても熱方程式の初期値・境界値問題の解の一意存在性は成り立つ. ◇

A.4　初期値問題の解の正当性

本節では，第 5 章で与えた熱方程式の初期値問題の解

$$u(x,t) = \int_{-\infty}^{\infty} \varphi(y) E_c(x-y,t) dy = \frac{1}{\sqrt{4\pi ct}} \int_{-\infty}^{\infty} \varphi(y) e^{-\frac{(x-y)^2}{4ct}} dy \qquad (A.4.1)$$

が，実際に初期値問題を満たしていることを確認する．まずは $u(x,t)$ が初期条件を満たしていること，つまり $t=0$ における連続性が成立することを示す．

Point A.14（熱方程式の初期値問題の解の $t=0$ における連続性）
関数 $\varphi(x)$ は $-\infty < x < \infty$ において連続かつ有界とし，$c > 0$ とする．このとき，(A.4.1) で与えられる関数 $u(x,t)$ に対し，

$$\lim_{t \to +0} u(x,t) = u(x,0) = \varphi(x)$$

が成り立つ．

Point A.14 を示すために，熱核 $E_c(x,t)$ の性質について述べておく．

Point A.15（熱核の性質）
2 変数関数 $E_c(x,t)$ は熱核とする．すなわち，

$$E_c(x,t) = \frac{1}{\sqrt{4\pi ct}} e^{-\frac{x^2}{4ct}}$$

とする．このとき，$\displaystyle\int_{-\infty}^{\infty} E_c(y,t) dy = 1$ であり，任意の $\delta > 0$ に対して次が成立する．

(i) $\displaystyle\lim_{t \to +0} \int_{-\delta}^{\delta} E_c(y,t)\, dy = 1$

(ii) $\displaystyle\lim_{t \to +0} \int_{|y| \geq \delta} E_c(y,t)\, dy = 0$

証明 熱核 $E(y,t)$ は y 変数に関して偶関数より，

$$\int_{-\infty}^{\infty} E_c(y,t)\, dy = \int_{-\infty}^{\infty} \frac{1}{\sqrt{4\pi ct}} e^{-\frac{y^2}{4ct}}\, dy = 2 \int_{0}^{\infty} \frac{1}{\sqrt{4\pi ct}} e^{-\frac{y^2}{4ct}}\, dy \qquad (A.4.2)$$

と式変形できる．いま，$Y = \dfrac{y}{2\sqrt{ct}}$ とおくと，$dy = 2\sqrt{ct}\, dY$ となり，$y : 0 \to \infty$ のとき $Y : 0 \to \infty$ となる．さらに

$$\int_{0}^{\infty} e^{-Y^2}\, dY = \frac{\sqrt{\pi}}{2}$$

が成り立つので，(A.4.2) より

$$\int_{-\infty}^{\infty} E_c(y,t)\ dy = \frac{2}{\sqrt{\pi}} \int_0^\infty e^{-Y^2} dY = 1$$

となる．同様の計算を行うことにより

$$\int_{-\delta}^{\delta} E_c(y,t)\ dy = \frac{2}{\sqrt{\pi}} \int_0^{\frac{\delta}{2\sqrt{ct}}} e^{-Y^2} dY$$

が得られるが，$t \to +0$ のとき $\dfrac{\delta}{2\sqrt{ct}} \to \infty$ となるので，

$$\lim_{t\to+0}\int_{-\delta}^{\delta} E_c(y,t)\ dy = \frac{2}{\sqrt{\pi}} \int_0^\infty e^{-Y^2} dY = 1$$

であることがわかる．また，以上の結果により，

$$\lim_{t\to+0}\int_{|y|\geq\delta} E_c(y,t)\ dy = \lim_{t\to+0}\left(\int_{-\infty}^{\infty} E_c(y,t)\ dy - \int_{-\delta}^{\delta} E_c(y,t)\ dy\right) = 0$$

も得られる． □

この熱核の性質を利用して，以下では初期値問題の解の $t=0$ における連続性を示す．

Point A.14 の証明 初期値 $\varphi(x)$ は有界なので，$M = \sup\limits_{x\in\mathbb{R}} |\varphi(x)|$ とおくと $0 \leq M < \infty$ である．まず，たたみ込みの性質から

$$u(x,y) = \int_{-\infty}^{\infty} \varphi(y)E_c(x-y)dy = \int_{-\infty}^{\infty} E_c(y,t)\varphi(x-y)dy$$

と変形できることに注意する．いま，$\delta > 0$ を任意にとり，

$$u(x,t) = \int_{-\delta}^{\delta} E_c(y,t)\varphi(x-y)\ dy + \int_{|y|\geq\delta} E_c(y,t)\varphi(x-y)\ dy$$
$$= u_1(x,t) + u_2(x,t)$$

と分解する．ここで Point A.15 の (ii) より

$$|u_2(x,t)| \leq M \int_{|y|\geq\delta} E(y,t)\ dy \to 0 \ \ (t \to +0)$$

となるので，$\lim\limits_{t\to+0} u_1(x,t) = \varphi(x)$ を示せばよい．そこで，$\int_{-\infty}^{\infty} E_c(y,t)\ dy = 1$ より

$$\varphi(x) = \varphi(x) \int_{-\infty}^{\infty} E_c(y,t)\ dy = \int_{-\infty}^{\infty} E_c(y,t)\varphi(x)\ dy$$

となることに注意すると,

$$
\begin{aligned}
|u_1(x,t) - \varphi(x)| &= \left| \int_{-\delta}^{\delta} E_c(y,t)\varphi(x-y)\, dy - \int_{-\infty}^{\infty} E_c(y,t)\varphi(x)\, dy \right| \\
&\leq \left| \int_{-\delta}^{\delta} E_c(y,t)(\varphi(x-y) - \varphi(x))\, dy \right| + \left| \int_{|y| \geq \delta} E_c(y,t)\varphi(x)\, dy \right| \\
&\leq \sup_{|y| \leq \delta} |\varphi(x-y) - \varphi(x)| \int_{-\delta}^{\delta} E_c(y,t)\, dy + M \int_{|y| \geq \delta} E_c(y,t)\, dy
\end{aligned}
$$

が得られる.したがって Point A.15 を用いると,

$$
\lim_{t \to +0} |u_1(x,t) - \varphi(x)| \leq \sup_{|y| \leq \delta} |\varphi(x-y) - \varphi(x)|
$$

となることがわかる.ここで $\delta > 0$ は任意だったので,$\delta \to +0$ とすると $y \to 0$ となり,$\varphi(x)$ の連続性から

$$
\sup_{|y| \leq \delta} |\varphi(x-y) - \varphi(x)| \ \to\ 0 \ \ (\delta \to +0)
$$

が得られる.よって

$$
\lim_{t \to +0} |u_1(x,t) - \varphi(x)| = 0
$$

となる. □

注意 A.13 最後の $\delta \to +0$ についての議論は,厳密には $\varphi(x)$ の $[-\delta, \delta]$ における一様連続性という性質を用いて示される.一様連続性の定義には $\varepsilon - \delta$ 論法と呼ばれる手法を用いる必要があり,本書の枠を超えるため詳細には触れない.興味のある読者は [杉浦] など を参照されたい. ◇

次に,(A.4.1) の $u(x,t)$ が実際に熱方程式を満たしていることを示す.そのための準備として,パラメータを含む広義積分に対する一様収束に関する諸性質を紹介する.そこで,広義積分に対する一様収束の定義を次のように与える.$I, J \subset \mathbb{R}$ を区間とし,$K = [a,b)$ とする($b = \infty$ でもよい).このとき,$x \in I$, $t \in J$, $z \in K$ において定義された連続関数 $f(x,t,z)$ および $\eta \in K$ に対し,

$$
F_\eta(x,t) = \int_a^\eta f(x,t,z)\, dz
$$

とおく.$I \times J$ 上の関数の族 $\{F_\eta(x,t)\}_{\eta \in K}$ が $\eta \to b$ $(\eta < b)$ とした際にある関数 $F(x,t)$ に $I \times J$ 上一様収束するとき,すなわち

$$
\lim_{\eta \to b, \eta < b} \sup_{x \in I, t \in J} \left| F(x,t) - \int_a^\eta f(x,t,z)\, dz \right| = 0
$$

が成立するとき,

$$F(x,t) = \int_a^b f(x,t,z)\,dz \tag{A.4.3}$$

と書き, (A.4.3) の右辺の広義積分は $I \times J$ 上一様収束するという. 広義積分が一様収束するときも, 関数列や級数が一様収束する場合と同様に, 次のような連続性や積分記号下での微分定理が成り立つ.

Point A.16　（パラメータを含む広義積分の連続性）

$I, J \subset \mathbb{R}$ を区間とし, $K = [a,b]$ とする. $x \in I$, $t \in J$, $z \in K$ において定義された連続関数 $f(x,t,z)$ に対し, 広義積分 (A.4.3) が $I \times J$ 上一様収束するならば, $F(x,t)$ も $I \times J$ 上連続となる.

Point A.17　（広義積分における積分記号下での微分定理）

$I, J \subset \mathbb{R}$ を区間とし, $K = [a,b]$ とする. また, $x \in I$, $t \in J$, $z \in K$ において定義された連続関数 $f(x,t,z)$ が次の (a), (b), (c) を満たすと仮定する.

 (a) 任意の $x \in I$, $t \in J$ に対し, 広義積分 (A.4.3) は収束する.

 (b) $\dfrac{\partial f}{\partial t}(x,t,z)$ が $x \in I$, $t \in J$, $z \in K$ において存在し, かつ連続となる.

 (c) 広義積分 $\displaystyle\int_a^b \dfrac{\partial f}{\partial t}(x,t,z)\,dz$ が $I \times J$ 上一様収束する.

このとき, $F(x,t)$ は $I \times J$ 上で t について偏微分可能であり,

$$\frac{\partial F}{\partial t}(x,t) = \int_a^b \frac{\partial f}{\partial t}(x,t,z)\,dz$$

がすべての $x \in I$, $t \in J$ に対して成り立つ.

注意 A.14 Point A.17 は x についての偏微分に対しても同様のことがいえる. つまり, Point A.17 において $\dfrac{\partial}{\partial t}$ を $\dfrac{\partial}{\partial x}$ に変えたものも成立する. 　　　　　$\diamondsuit$

注意 A.15 以上の議論は, $K = (a,b]$ とした場合の広義積分についても同様に行える. また, $K = (a,b)$ とした場合には, $c \in (a,b)$ を適当にとり,

$$\int_a^b f(x,t,z)\,dz = \int_a^c f(x,t,z)\,dz + \int_c^b f(x,t,z)\,dz$$

として考えればよい. 　　　　　$\diamondsuit$

　A.1.1 節では, 関数項級数の一様収束の判定法としてワイエルシュトラスの M 判定法を紹介したが, 広義積分の一様収束についても判定法を 1 つ与えておく.

Point A.18　（パラメータを含む広義積分の一様収束判定法）

$I, J \subset \mathbb{R}$ を区間とし，K は $[a, b)$，$(a, b]$，(a, b) のいずれかとする．また，$x \in I$，$t \in J$，$z \in K$ において定義された関数 $f(x, t, z)$ に対し，次の (1)，(2) を満たす K 上の関数 $G(z)$ が存在すると仮定する．

(1) 任意の $x \in I$，$t \in J$，$z \in K$ に対し，$|f(x, t, z)| \leq G(z)$ が成立する．

(2) 広義積分 $\displaystyle\int_a^b G(z)\, dz$ は収束する．

このとき，広義積分 $F(x, t) = \displaystyle\int_a^b f(x, t, z)\, dz$ は $I \times J$ 上一様収束する．

　広義積分の一様収束性を用いることで，(A.4.1) の $u(x, t)$ が熱方程式を満たすこと，つまり熱方程式の解の存在が示せる．

Point A.19　（熱方程式の解の存在）

関数 $\varphi(x)$ は $-\infty < x < \infty$ において C^2 級とし，$\varphi(x)$，$\varphi'(x)$，$\varphi''(x)$ は有界とする．また，$c > 0$ とする．このとき，

$$u(x, t) = \int_{-\infty}^{\infty} \varphi(y) E_c(x - y, t)\, dy = \frac{1}{\sqrt{4\pi ct}} \int_{-\infty}^{\infty} \varphi(y) e^{-\frac{(x-y)^2}{4ct}}\, dy$$

により与えられる関数 $u(x, t)$ は $-\infty < x < \infty$，$0 < t < \infty$ において x について 2 回，t について 1 回偏微分可能であり，熱方程式

$$\frac{\partial u}{\partial t} = c \frac{\partial^2 u}{\partial x^2}$$

を満たす．

証明　まず，$y = x + \sqrt{4ct}z$ と置換すると，

$$u(x, t) = \frac{1}{\sqrt{4\pi t}} \int_{-\infty}^{\infty} \varphi(y) e^{-\frac{(x-y)^2}{4ct}}\, dy = \frac{1}{\sqrt{\pi}} \int_{-\infty}^{\infty} \varphi(x + \sqrt{4ct}z) e^{-z^2}\, dz$$

と書き直せる．そこで $I = (-\infty, \infty)$，$J = (0, \infty)$ とし，広義積分

$$\frac{1}{\sqrt{\pi}} \int_{-\infty}^{\infty} \varphi(x + \sqrt{4ct}z) e^{-z^2}\, dz \tag{A.4.4}$$

が $I \times J$ 上一様収束することを示す．いま，$\varphi(x)$ は有界なので $M = \sup_{x \in I} |\varphi(x)|$ とおくと $0 \leq M < \infty$ であり，

$$|\varphi(x + \sqrt{4ct}z) e^{-z^2}| \leq M e^{-z^2}$$

が成立する．したがって，$G(z) = M e^{-z^2}$ とおくと，

$$\int_{-\infty}^{\infty} G(z) dz = M \sqrt{\pi} < \infty$$

であることから Point A.18 が適用でき，広義積分 (A.4.4) が $I \times J$ 上一様収束していることがわかる．また，Point A.16 により $u(x,t)$ は $I \times J$ 上連続であることもわかる．さらに，簡単な計算により

$$\int_{-\infty}^{\infty} \frac{\partial}{\partial x}\left\{\varphi(x+\sqrt{4ct}z)e^{-z^2}\right\} dz = \int_{-\infty}^{\infty} \varphi'(x+\sqrt{4ct}z)e^{-z^2} dz,$$

$$\int_{-\infty}^{\infty} \frac{\partial^2}{\partial x^2}\left\{\varphi(x+\sqrt{4ct}z)e^{-z^2}\right\} dz = \int_{-\infty}^{\infty} \varphi''(x+\sqrt{4ct}z)e^{-z^2} dz,$$

$$\int_{-\infty}^{\infty} \frac{\partial}{\partial t}\left\{\varphi(x+\sqrt{4ct}z)e^{-z^2}\right\} dz = \sqrt{\frac{c}{t}}\int_{-\infty}^{\infty} \varphi'(x+\sqrt{4ct}z)ze^{-z^2} dz$$

が得られ，上と同様の議論によりこれらの広義積分は任意の $\tau > 0$ に対して $I \times [\tau, \infty)$ 上一様収束することが示せる．また，部分積分により

$$\sqrt{\frac{c}{t}}\int_{-\infty}^{\infty} \varphi'(x+\sqrt{4ct}z)ze^{-z^2} dz = c\int_{-\infty}^{\infty} \varphi''(x+\sqrt{4ct}z)e^{-z^2} dz$$

も得られる．したがって，積分記号下での微分定理（Point A.17）により，$u(x,t)$ は x について 2 回，t について 1 回偏微分微分可能で

$$\frac{\partial u}{\partial t} = c\frac{\partial^2 u}{\partial x^2}$$

となることがわかる． □

注意 A.16 Point A.19 の $\varphi(x)$ の仮定は $-\infty < x < \infty$ において連続かつ有界と緩めることができる．その際の証明は

$$\frac{\partial}{\partial x}E_c(x-y,t), \quad \frac{\partial^2}{\partial x^2}E_c(x-y,t), \quad \frac{\partial}{\partial t}E_c(x-y,t)$$

をそれぞれ計算し，その後で $y = x + \sqrt{4ct}z$ と置換することで，広義積分

$$\int_{-\infty}^{\infty} \varphi(y)\frac{\partial}{\partial x}E_c(x-y,t)\,dy, \int_{-\infty}^{\infty} \varphi(y)\frac{\partial^2}{\partial x^2}E_c(x-y,t)\,dy, \int_{-\infty}^{\infty} \varphi(y)\frac{\partial}{\partial t}E_c(x-y,t)\,dy$$

が任意の $\tau > 0$ に対して $I \times [\tau, \infty)$ 上一様収束することを示せばよい．さらに，$\alpha = 0, 1, 2, \cdots$ と $\beta = 0, 1, 2, \cdots$ に対して，広義積分

$$\int_{-\infty}^{\infty} \varphi(y)\frac{\partial^{\alpha+\beta}}{\partial x^{\alpha}\partial t^{\beta}}E_c(x-y,t)\,dy$$

が任意の $\tau > 0$ に対して $I \times [\tau, \infty)$ 上一様収束することも示せる．これより，解 $u(x,t)$ は $-\infty < x < \infty, 0 < t < \infty$ において何回でも微分可能であることがわかる． ◇

注意 A.17 熱方程式の初期値問題の解の一意性については，解 $u(x,t)$ に対してある種の有界性を仮定することで成り立つことが知られている．詳細は [熊ノ郷] などを参照されたい． ◇

A.5 離散フーリエ変換

1.3 節で考えたように，周期関数 $f(x)$ が適当な条件を持てば，$f(x)$ は複素フーリエ級数展開が可能である．いま，周期 L の周期関数 $f(x)$ の複素フーリエ級数展開を，

$$f(x) = \sum_{k=-\infty}^{\infty} F_k e^{i\omega_k x} \quad (\omega_k = 2\pi k/L)$$

とする．ただし F_k は $f(x)$ のフーリエ係数である．なお，この ω_k を角周波数という．また，$|k|$ が大きいとき，F_k を高周波成分という．いま，区間 $[0, L]$ を Δx 間隔で分割し，$0 = x_0 < x_1 < \cdots < x_{N-1} < x_N = L$ $(x_j = j\Delta x = jL/N,\ N$ は偶数$)$ とし，各点での関数の値を $f_j = f(x_j)$ とする．このとき，

$$\begin{aligned}
f_j = f(x_j) &= \sum_{k=-\infty}^{\infty} F_k e^{i\omega_k x_j} = \sum_{k=-\infty}^{\infty} F_k e^{i\omega_k jL/N} \\
&= \sum_{\ell=-\infty}^{\infty} \sum_{k=-N/2}^{N/2-1} F_{k+\ell N} e^{2\pi i(k+\ell N)j/N} \\
&= \sum_{\ell=-\infty}^{\infty} \sum_{k=-N/2}^{N/2-1} F_{k+\ell N} e^{2\pi ijk/N} \\
&= \sum_{k=-N/2}^{N/2-1} \left(F_k + \sum_{\ell=1}^{\infty} (F_{k+\ell N} + F_{k-\ell N}) \right) e^{2\pi ijk/N}
\end{aligned}$$

となる．ここで，高周波成分の総和 $\sum_{\ell=1}^{\infty}(F_{k+\ell N} + F_{k-\ell N})$ が 0 であるとすると，

$$f_j = \sum_{k=-N/2}^{N/2-1} F_k e^{2\pi ijk/N}$$

となり，f_j は複素数列 $\left\{ e^{2\pi ijk/N} \right\}_{k=-N/2}^{N/2-1}$ の和で表される．さらに，

$$\tilde{F}_k = \begin{cases} F_k & (0 \leq k \leq N/2-1) \\ F_{k+N} & (-N/2 \leq k \leq -1) \end{cases}$$

と置き換えることで，

$$f_j = \sum_{k=0}^{N-1} \tilde{F}_k e^{2\pi ijk/N} \quad (j = 0, 1, \cdots, N-1) \tag{A.5.1}$$

となる．いま，$\{f_j\}_{j=0}^{N-1}$ と $\{e^{2\pi ijk/N}\}_{j=0}^{N-1}$ $(k = 0, 1, \cdots, N-1)$ の N 次元複素ベクトル空間としての内積を計算すると，

$$
\begin{aligned}
\sum_{j=0}^{N-1} f_j \overline{e^{2\pi ijk/N}} &= \sum_{j=0}^{N-1} f_j e^{-2\pi ijk/N} \\
&= \sum_{j=0}^{N-1} \left(\sum_{\ell=0}^{N-1} \tilde{F}_\ell e^{2\pi ij(\ell-k)/N} \right) \\
&= \sum_{\ell=0}^{N-1} \tilde{F}_\ell \left(\sum_{j=0}^{N-1} e^{2\pi ij(\ell-k)/N} \right) \\
&= N\tilde{F}_k
\end{aligned}
$$

となる．ただし複素数 α に対して，$\overline{\alpha}$ で α の共役複素数を表す．よって，

$$
\tilde{F}_k = \frac{1}{N} \sum_{j=0}^{N-1} f_j e^{-2\pi ijk/N} \tag{A.5.2}
$$

を得る．つまり，(A.5.1) と (A.5.2) の計算は対の関係になっていることがわかる．これらは点の集合 $\{f_j\}_{j=0}^{N-1}$ に対するフーリエ変換とみなせる．ここで，$\tilde{F}_k$ を改めて F_k と書くことにすると，離散フーリエ変換は次のように定義される．

Point A.20 （離散フーリエ変換）

N 個の複素数の点からなる集合 $\{f_j\}_{j=0}^{N-1}$ に対して，

$$
F_k = \frac{1}{N} \sum_{j=0}^{N-1} f_j e^{-2\pi ijk/N} \quad (k = 0, 1, \cdots, N-1)
$$

を $\{f_j\}_{j=0}^{N-1}$ の **離散フーリエ変換**という．また N 個の複素数の点からなる集合 $\{F_j\}_{j=0}^{N-1}$ に対して，

$$
f_j = \sum_{k=0}^{N-1} F_k e^{2\pi ijk/N} \quad (j = 0, 1, \cdots, N-1)
$$

を **逆離散フーリエ変換**という．

注意 A.18 Point 2.1 では，$f(x)$ のフーリエ変換のフーリエ逆変換がもとに戻るためには $f(x)$ に仮定が必要であったが，$\{f_j\}_{j=0}^{N-1}$ の離散フーリエ変換の逆離散フーリエ変換は，常に $\{f_j\}_{j=0}^{N-1}$ と一致する．　　　　　　　　　　　　　　　　　　　　♢

いま

$$A = \frac{1}{N}\begin{pmatrix} 1 & 1 & \cdots & 1 \\ 1 & e^{2\pi i/N} & \cdots & e^{2\pi i(N-1)/N} \\ \vdots & \vdots & \ddots & \vdots \\ 1 & e^{2\pi i(N-1)/N} & \cdots & e^{2\pi i(N-1)(N-1)/N} \end{pmatrix} \tag{A.5.3}$$

とおくと，行列 A は正則行列である．実際，$\alpha = e^{2\pi i/N}$ とおくと，(A.5.3) は

$$A = \frac{1}{N}\begin{pmatrix} 1 & 1 & 1 & \cdots & 1 \\ 1 & \alpha^1 & \alpha^2 & \cdots & \alpha^{N-1} \\ 1 & \alpha^2 & \alpha^4 & \cdots & \alpha^{2(N-1)} \\ \vdots & \vdots & \vdots & \ddots & \vdots \\ 1 & \alpha^{N-1} & \alpha^{2(N-1)} & \cdots & \alpha^{(N-1)(N-1)} \end{pmatrix}$$

と表すことができ，その逆行列は

$$A^{-1} = \begin{pmatrix} 1 & 1 & 1 & \cdots & 1 \\ 1 & \alpha^{-1} & \alpha^{-2} & \cdots & \alpha^{-(N-1)} \\ 1 & \alpha^{-2} & \alpha^{-4} & \cdots & \alpha^{-2(N-1)} \\ \vdots & \vdots & \vdots & \ddots & \vdots \\ 1 & \alpha^{-(N-1)} & \alpha^{-2(N-1)} & \cdots & \alpha^{-(N-1)(N-1)} \end{pmatrix}$$

で与えられる（各自確認せよ）．

注意 A.19 $\overline{A}$ で行列 A の各成分の共役複素数をとった行列を表し，${}^t A$ で行列 A の転置行列を表すと，$A^{-1} = N{}^t\overline{A}$ が成り立つ． ◇

これより，

$$\boldsymbol{f} = \begin{pmatrix} f_0 \\ f_1 \\ \vdots \\ f_{N-1} \end{pmatrix}, \quad \boldsymbol{F} = \begin{pmatrix} F_0 \\ F_1 \\ \vdots \\ F_{N-1} \end{pmatrix}$$

とおくと，離散フーリエ変換は $\boldsymbol{F} = A\boldsymbol{f}$，逆離散フーリエ変換は $\boldsymbol{f} = A^{-1}\boldsymbol{F}$ と表すことができる．このことから，(A.5.3) の行列 A は離散フーリエ変換行列と呼ばれる．

離散フーリエ変換について，次が成り立つ．

Point A.21（離散フーリエ変換の性質）

a, b を定数，r を整数とする．また，複素数列 $\{f_j\}_{j=0}^{N-1}$，$\{f_j^{(1)}\}_{j=0}^{N-1}$，$\{f_j^{(2)}\}_{j=0}^{N-1}$ に対して，その離散フーリエ変換をそれぞれ $\{F_j\}_{j=0}^{N-1}$，$\{F_j^{(1)}\}_{j=0}^{N-1}$，$\{F_j^{(2)}\}_{j=0}^{N-1}$ とする．

(1) （線形性）$\left\{af_j^{(1)} + bf_j^{(2)}\right\}_{j=0}^{N-1}$ の離散フーリエ変換は $\left\{aF_j^{(1)} + bF_j^{(2)}\right\}_{j=0}^{N-1}$ となる.

(2) （周期性）$\left\{F_{j+rN}\right\}_{j=0}^{N-1} = \left\{F_j\right\}_{j=0}^{N-1}$ が成り立つ.

(3) （対称性）$\left\{f_j\right\}_{j=0}^{N-1}$ が実数列のとき，$\left\{F_{N-j}\right\}_{j=0}^{N-1} = \left\{\overline{F_j}\right\}_{j=0}^{N-1}$ が成り立つ.

注意 A.20 N 個の点に対する離散フーリエ変換は，直接計算しようとすると N^2 回の掛け算を必要とし，N が大きくなると演算回数が急激に増大する．そのため応用上は，離散フーリエ変換の周期性と対称性を利用した高速フーリエ変換と呼ばれるアルゴリズムを用いて計算される． ◇

注意 A.21 離散フーリエ変換は離散的な点 $x_0, x_1, \cdots, x_{N-1}$ における値にのみ着目していたが，特に関数 $f(x)$ が $[0, L]$ 上で

$$f(x) = \sum_{k=0}^{N-1} F_k e^{2\pi ikx/N} \tag{A.5.4}$$

と書けるとき，すなわち離散点だけではなく，区間 $[0, L]$ 上で (A.5.4) が成立するとき，この (A.5.4) の右辺を $f(x)$ の離散フーリエ級数といい，F_k を離散フーリエ係数という．オイラーの公式をふまえると，離散フーリエ級数は，元の関数 $f(x)$ が三角関数の有限和として表されることを示している． ◇

章末問題略解

第 1 章　フーリエ級数 (p.15–p.16)

1-1

(1) 略　(2) $a_0 = 1, a_n = 0, b_n = \begin{cases} 0 & (n = 2m) \\ -\dfrac{2}{n\pi} & (n = 2m - 1) \end{cases}$

(3) $f(x) \sim \dfrac{1}{2} - \dfrac{2}{\pi} \displaystyle\sum_{n=1}^{\infty} \dfrac{\sin(2n-1)x}{2n-1}$

1-2

(1) 略　(2) $a_0 = a_n = 0, b_n = \dfrac{4 \cdot (-1)^n}{n\pi}$

(3) $f(x) \sim \dfrac{4}{\pi} \displaystyle\sum_{n=1}^{\infty} \dfrac{(-1)^n}{n} \sin \dfrac{n\pi x}{2}$

1-3

(1) 略　(2) $a_0 = \pi, a_n = \begin{cases} 0 & (n = 2m) \\ \dfrac{4}{n^2\pi} & (n = 2m - 1) \end{cases}, b_n = 0$

(3) $f(x) = \dfrac{\pi}{2} + \dfrac{4}{\pi} \displaystyle\sum_{n=1}^{\infty} \dfrac{\cos(2n-1)x}{(2n-1)^2}$

1-4

(1) $f(x) = \dfrac{3}{2} - \dfrac{12}{\pi^2} \displaystyle\sum_{n=1}^{\infty} \dfrac{1}{(2n-1)^2} \cos \dfrac{(2n-1)\pi}{3} x$

(2) $f(x) \sim 1 + \displaystyle\sum_{n=1}^{\infty} \left(\dfrac{4}{\pi^2 n^2} \{1 - (-1)^n\} \cos \dfrac{n\pi}{4} x - \dfrac{4}{\pi n} \sin \dfrac{n\pi}{4} x \right)$

1-5(1) $g(x) \sim \dfrac{1}{2} + \dfrac{4}{\pi^2} \displaystyle\sum_{n=1}^{\infty} \dfrac{\cos(2n-1)\pi x}{(2n-1)^2}$　(2) $h(x) \sim \dfrac{2}{\pi} \displaystyle\sum_{n=1}^{\infty} \dfrac{\sin n\pi x}{n}$

1-6(1) $f(x) \sim \dfrac{\pi^2}{3} + 2 \displaystyle\sum_{\substack{n=-\infty \\ n \neq 0}}^{\infty} \dfrac{(-1)^n}{n^2} e^{inx}$　(2) $f(x) \sim 1 - \dfrac{4}{\pi^2} \displaystyle\sum_{n=-\infty}^{\infty} \dfrac{1}{(2n-1)^2} e^{i\frac{2n-1}{2}x}$

1-7

(1) グラフは略　$f(x) \sim \dfrac{\pi}{4} + \displaystyle\sum_{n=1}^{\infty} \left(\dfrac{1}{n^2\pi} \{1 - (-1)^n\} \cos nx - \dfrac{1}{n} \sin nx \right)$

(2) $\dfrac{\pi^2}{8}$

第 2 章　フーリエ変換 (p.34)

2-1

(1) $\hat{f}(\xi) = \dfrac{1 - i\xi}{\sqrt{2\pi}(1 + \xi^2)}$,　$f(x) = \dfrac{1}{2\pi} \displaystyle\int_{-\infty}^{\infty} \dfrac{1 - i\xi}{1 + \xi^2} e^{ix\xi}\, d\xi$

(2) $\hat{f}(\xi) = \dfrac{i}{\sqrt{2\pi}\,\xi}(1 - e^{-i\xi})$,　$f(x) = \dfrac{i}{2\pi} \displaystyle\int_{-\infty}^{\infty} \dfrac{1 - e^{-i\xi}}{\xi} e^{ix\xi}\, d\xi$

(3) $\hat{f}(\xi) = \sqrt{\dfrac{2}{\pi}}\dfrac{\sin\xi}{\xi}$,　$f(x) = \dfrac{1}{\pi} \displaystyle\int_{-\infty}^{\infty} \dfrac{\sin\xi}{\xi} e^{ix\xi}\, d\xi$

(4) $\hat{f}(\xi) = \sqrt{\dfrac{2}{\pi}}\dfrac{1}{1 + \xi^2}$,　$f(x) = \dfrac{1}{\pi} \displaystyle\int_{-\infty}^{\infty} \dfrac{e^{ix\xi}}{1 + \xi^2}\, d\xi$

2-2 $\hat{f}(\xi) = \sqrt{\dfrac{\pi}{2}}e^{-|\xi|}$

2-3 $\hat{f}(\xi) = \sqrt{2}\,e^{-\xi^2}$

2-4 略

2-5 $\sqrt{\dfrac{2}{\pi}}\dfrac{e^{3i\xi}}{1 + \xi^2}$

2-6 (1) $-\dfrac{\xi^2}{\sqrt{2}}e^{-\frac{\xi^2}{4}}$　(2) $\dfrac{\pi}{2\sqrt{2}}e^{-\frac{|\xi|^2}{4} - 2|\xi|}$

2-7 $\hat{f}(\xi) = \dfrac{\sqrt{2\pi}}{4}(1 + |\xi|)e^{-|\xi|}$

第 3 章　ラプラス変換 (p.62–p.64)

3-1 $\mathcal{L}[t^2](s) = \dfrac{2}{s^3}$

3-2

(1) $\dfrac{2}{s^3} - \dfrac{1}{s^2} - \dfrac{2}{s}$　(2) $\dfrac{12}{s^4} + \dfrac{1}{s}$　(3) $\dfrac{1}{s + 2} + \dfrac{2}{s - 3}$

(4) $\dfrac{72}{s^5} - \dfrac{2}{s + 2}$　(5) $\dfrac{1}{s^3} + \dfrac{1}{s^4} - \dfrac{1}{s + 1}$　(6) $\dfrac{s + 1}{s^2 + 1}$

(7) $\dfrac{3s}{s^2 + 4} + \dfrac{1}{s}$　(8) $\dfrac{s^2 + 2}{s(s^2 + 4)}$　(9) $\dfrac{18}{s(s^2 + 36)}$

(10) $\dfrac{2 - s}{\sqrt{2}(s^2 + 4)}$　(11) $\dfrac{\sqrt{3} - s}{2(s^2 + 1)}$

3-3

(1) $\dfrac{2}{(s - 2)^3}$　(2) $\dfrac{6}{(s + 2i)^4}$　(3) $\dfrac{2}{(s - 1)^2 + 4}$

(4) $\dfrac{s+2}{(s+2)^2+9}$ (5) $\dfrac{s+3i}{(s+3i)^2+4}$

3-4

(1) $\dfrac{3}{s(s^2+9)}$ (2) $\dfrac{1}{s^2+4}$ (3) $\dfrac{6}{s^5}-\dfrac{1}{s(s+1)}$

(4) $\dfrac{2}{s^4}-\dfrac{1}{s(s-2i)}$ (5) $\dfrac{2}{s(s+2)^3}$ (6) $\dfrac{s-3}{s(s^2-6s+13)}$

3-5 (1) $\dfrac{6s}{(s^2+9)^2}$ (2) $\dfrac{s^2-2}{(s^2+2)^2}$ (3) $\dfrac{6}{(s^2+9)^2}$ (4) $\dfrac{1}{s(s+2)^2}$

3-6 $\dfrac{e^s-1}{s^2(e^s+1)}$

3-7 $\mathcal{L}\left[U\left(t-\dfrac{2}{3}\right)e^{3t-2}\right](s)=\dfrac{e^{-\frac{2}{3}s}}{s-3}$

3-8 $\dfrac{2e^s}{s(e^s+1)}$

3-9 $\dfrac{36}{s^3(s+1)(s^2+4)}$

3-10 $\mathcal{L}[t^\lambda](s)=\dfrac{\Gamma(\lambda+1)}{s^{\lambda+1}}$ $(\lambda>-1,s>0)$, $\mathcal{L}[\sqrt{t}](s)=\dfrac{\sqrt{\pi}}{2s\sqrt{s}}$ $(s>0)$

3-11

(1) t^3+3e^{2t} (2) $e^{iwt}-e^{-iwt}$ $(=2i\sin wt)$

(3) $2+3\sin 4t$ (4) $3(e^{-9t}+\cos 3t)$ (5) $\cos 2t-\sin 2t$

(6) $2\cos 3t-\dfrac{1}{3}\sin 3t$ (7) $2\cos\dfrac{t}{2}-\dfrac{1}{2}\sin\dfrac{t}{2}$

3-12

(1) t^2e^{2t} (2) $\dfrac{2}{3}t^3e^{-2t}$ (3) $e^{2t}\cos 3t$ (4) $2e^{2t}(\cos 3t-\sin 3t)$

(5) $e^{2t}\cos 2t$ (6) $e^t\sin t$ (7) $e^{-t}(2\cos 2t-\sin 2t)$

(8) $e^{-2t}(3\cos t+2\sin t)$ (9) $\dfrac{t}{4}\sin 2t$ (10) $\dfrac{t}{\sqrt{2}}\sin\sqrt{2}t$

(11) $\dfrac{\sqrt{3}}{3}t\sin\dfrac{\sqrt{3}}{3}t$

3-13

(1) $\dfrac{5}{4}e^{2t}-\dfrac{1}{4}e^{-2t}$ (2) $-\dfrac{1}{4}e^t+\dfrac{3}{4}e^{3t}$ (3) $e^{2t}+e^{-t}$

(4) $-\dfrac{1}{2}e^t+\dfrac{1}{3}e^{2t}+\dfrac{1}{6}e^{-t}$ (5) $\dfrac{1}{4}-\dfrac{1}{4}e^{-2t}-\dfrac{1}{2}te^{-2t}$

(6) $-1+e^{-t}+3te^{-t}$

3-14 $\dfrac{1}{16}(\sin 2t-2t\cos 2t)$

第 4 章　常微分方程式 (p.94–p.95)

4-1

(1) $y = (x+1)^2 + C$, $y = x^2 + 2x + 1$　(2) $\dfrac{1}{2}y^2 = e^x + C$, $y^2 = 2e^x - 2$

(3) $y^3 = 3x\log x - 3x + C$　(4) $y = Ce^{x^2}$　(5) $y^4 = 2\log(1 + x^2) + C$

(6) $y = C(x^3 + 1)$

4-2

(1) $y = 1 + Ce^{-\frac{1}{2}x^2}$　(2) $y = e^x - \dfrac{e^x}{x} + \dfrac{C}{x}$　(3) $y = \left(\dfrac{1}{2}x^2 + C\right)\cos x$

(4) $y = -\dfrac{\cos 2x}{2\cos x} + \dfrac{C}{\cos x}$　$\left(-\cos x + \dfrac{C}{\cos x}\ \text{でも可}\right)$　(5) $y = (x + C)e^{-x}$

(6) $y = (x^2 + \log x + C)x^2$　(7) $y = \dfrac{\log(1 + x^2)}{2x} + \dfrac{C}{x}$

(8) $y = (x + C)e^{-x^2}$, $y = (x - 1)e^{-x^2}$

(9) $y^{-2} = \dfrac{1}{2} - \log x + \dfrac{C}{x^2}$, $y^{-2} = \dfrac{1}{2} - \log x + \dfrac{e^2}{x^2}$

4-3

(1) $y = C_1 e^{3x} + C_2 e^{7x}$　(2) $y = C_1 e^{5x}\cos 2x + C_2 e^{5x}\sin 2x$

(3) $y = (C_1 x + C_2)e^{5x}$　(4) $y = C_1 \cos 3x + C_2 \sin 3x$　(5) $y = (1 - x)e^{-x}$

(6) $y = -e^{-2x}$　(7) $y = \varphi(\xi)\cos c\xi x + \psi(\xi)\dfrac{\sin c\xi x}{c\xi}$

4-4

(1) $y = -x^2 + 2x - 2 + C_1 e^{-x} + C_2 e^{8x}$　(2) $y = x^2 - \dfrac{2}{3}x + C_1 e^{-3x} + C_2$

(3) $y = \dfrac{1}{5}e^{2x} + C_1 e^{-3x} + C_2 e^{-x}$　(4) $y = 2xe^{2x} + C_1 e^{-x} + C_2 e^{2x}$

(5) $y = \dfrac{1}{3}\cos x + C_1 \cos 2x + C_2 \sin 2x$　(6) $y = \cos 2x - 3\sin 2x + C_1 e^{-x} + C_2 e^{2x}$

(7) $x = -\dfrac{t}{4}\cos 2t + C_1 \cos 2t + C_2 \sin 2t$

4-5 (1) $y = \log x + 2 + C_1 x + C_2 x\log x$　(2) $y = \dfrac{1}{2}x - \dfrac{\log x}{x} + \dfrac{C_1}{x} + C_2$

4-6 (1) $y(t) = \dfrac{2}{3}e^t + te^t + \dfrac{1}{3}e^{-2t}$　(2) $y(t) = \dfrac{1}{3}\cos x + \sin 2x$

4-7 $x(t) = 1 + \dfrac{1}{2}e^{-t} + \dfrac{1}{2}e^{-3t}$, $y(t) = \dfrac{1}{2}(e^{-3t} - e^{-t})$

4-8 (1) $y(t) = \dfrac{t^3}{6} + t$　(2) $y(t) = \cos t - 2\sin t$

第 5 章　偏微分方程式 (p.138–p.143)

5-1 略

5-2 略

5-3 $u(x,t) = \dfrac{4}{\pi} \displaystyle\sum_{n=1}^{\infty} \dfrac{(-1)^{n-1}}{(2n-1)^2} e^{-(2n-1)^2 t} \sin(2n-1)x$

5-4 $v(x,t) = \dfrac{4}{\pi^2} \displaystyle\sum_{n=1}^{\infty} \dfrac{(-1)^{n-1}}{(2n-1)^2} e^{-(2n-1)^2 \pi^2 t} \sin(2n-1)\pi x$

5-5 $u(x,t) = \dfrac{1}{\sqrt{4t+1}} e^{-\frac{x^2-x-t}{4t+1}}$

5-6 $u(x,t) = 1 + \dfrac{1}{\sqrt{4t+1}} e^{-\frac{x^2}{4t+1}}$　（前半は略）

5-7 略

5-8 $v(x,t) = -\dfrac{4x}{4t+1} \cdot \dfrac{1}{1+\sqrt{4t+1}\,e^{\frac{x^2}{4t+1}}}$

5-9 略

5-10 $u(x,t) = \dfrac{8}{\pi} \displaystyle\sum_{n=1}^{\infty} \dfrac{1}{(2n-1)^4} \sin(2n-1)t \sin(2n-1)x$

5-11 $v(x,t) = \dfrac{8}{\pi^4} \displaystyle\sum_{n=1}^{\infty} \dfrac{1}{(2n-1)^4} \sin(2n-1)\pi t \sin(2n-1)\pi x$

5-12 $u(x,t) = \dfrac{1}{2} \arctan\left(\dfrac{2t}{1+x^2-t^2}\right)$

5-13 略

5-14 略

5-15 $u(x,t) = \dfrac{8}{\pi} \displaystyle\sum_{n=1}^{\infty} \dfrac{1}{(2n-1)^3} \sin(2n-1)x \dfrac{\sinh(2n-1)y}{\sinh(2n-1)}$

5-16 $U(r,\theta) = \dfrac{3}{4} r(\cos\theta - \sin\theta) + \dfrac{1}{4} r^3(\cos 3\theta + \sin 3\theta)$

5-17 $c = \sqrt{1 + \left(\dfrac{m}{\xi}\right)^2}$

5-18 $cU_s''(x) - sU_s(x) = -\varphi(x)$

5-19 $u(x,t) = e^{-t} \cos x$

あとがき

　第5章では様々な偏微分方程式の解法を紹介したが，それらは全て線形の偏微分方程式であった．その中でも定数係数という単純な場合のみを考えていた．具体的に解を構成することができたのはそのためである．一方で，線形でも変数係数の偏微分方程式であったり，非線形の偏微分方程式では，ほとんどの場合において解を具体的に構成することができない．ここでは，第5章および第6章で紹介した KdV 方程式を例にとり，「非線形偏微分方程式」の話題について少し触れようと思う．興味を持たれた読者は，積極的に参考文献などを参照してもらいたい．

　非線形偏微分方程式の一つの例である KdV 方程式

$$\frac{\partial u}{\partial t} = \frac{\partial^3 u}{\partial x^3} + u\frac{\partial u}{\partial x}$$

について考える．KdV 方程式は非線形波動現象を記述する偏微分方程式であり，c を正定数として

$$u(x,t) = 3c\,\mathrm{sech}^2\left(\frac{\sqrt{c}}{2}(x+ct)\right)$$

なる解を持つ．この解を構成するためには，$s(x)$ を1変数関数として KdV 方程式に $u(x,t) = s(x+ct)$ を代入し，s についての常微分方程式を解けばよい．したがって，KdV 方程式の解は具体的に構成できるといえる．ただし，これは一つの特殊解を構成しただけにすぎない．では，与えられた関数 $\phi(x)$ に対し，初期条件 $u(x,0) = \phi(x)$ を満たす KdV 方程式の解を構成することはできるだろうか．これについては，$\phi(x)$ が急減少関数のような良い性質を持っていれば，Gardner らによって考案された逆散乱法[*1] と呼ばれる手法で解を構成できることが知られている（[GGKM I, II]）．しかし，初期関数 $\phi(x)$ として一般の関数を与えた場合には，解を具体的に構成できるとは限らない．なお，KdV 方程式は可積分性と呼ばれる対称構造を持った方程式であることが知られている．逆散乱法によって解が構成できるのは可積分性を持っているためであり，一般の非線形偏微分方程式に対しては，初期関数 $\phi(x)$ が良い性質を持っていたとしても，具体的に解を構成できるとは限らない．そこで重要となるのが解の一意存在性である．常微分方程式の解の一意存在性については付録 A.2 で言及した通りである．一方で，非線形偏微分方程式の解の一意存在性を統一的に扱う方法は現時点では知られていない．そのため，非線形

[*1] 初期値から散乱データと呼ばれる量を求め，それを時間発展させた量を散乱データとして持つ関数を求めることで，解を構成する方法である．この手順は，第5章においてフーリエ変換とフーリエ逆変換を用いて熱方程式や波動方程式の解を求めた手順と似ている．逆散乱法など，非線形波動に関することについては，例えば [大宮] や [田中] を参照していただきたい．

偏微分方程式の解の一意存在性については，個々の方程式ごとに考える必要がある．解の一意存在性は第 6 章で紹介した数値解析による近似解の正当性を与えるという意味でも重要な性質であり，解の一意存在性を持つかどうかという問いは，非線形偏微分方程式における基本的な問題の 1 つである．初期値問題では様々な関数が初期関数の候補となる．そのため，どのような初期関数に対して解の一意存在性が成り立つか（解の一意存在性を得るためには，初期関数に与える仮定をどの程度緩められるか，とも言い換えられる），ということがこの問題の本質となる．

第 6 章では KdV 方程式の周期境界条件下での初期値問題

$$(\maltese)\begin{cases} \dfrac{\partial u}{\partial t} + \alpha u \dfrac{\partial u}{\partial x} + \beta \dfrac{\partial^3 u}{\partial x^3} = 0, \\ u(x+2\pi, t) = u(x, t), \\ u(x, 0) = \phi(x) \end{cases}$$

の数値解法を紹介した．では，この初期値問題 ($\maltese$) の解の一意存在性はどのような初期関数 $\phi(x)$ に対して成立するか．その答えの 1 つとして，ここでは Bourgain によって得られた結果を紹介する．Bourgain はフーリエ制限ノルム法*2 と呼ばれる手法を用いて，閉区間 $0 \leq x \leq 2\pi$ 上で 2 乗可積分性を持つ初期関数 $\phi(x)$ に対し，初期値問題 ($\maltese$) の解の一意存在性が成立することを証明した（[Bourgain]）．この結果の驚くべきところは，初期関数に滑らかさに関する仮定を与えていないことである．フーリエ制限ノルム法を用いた研究は現在でも進展しており，Bourgain による結果も，より緩い仮定の初期関数に改善されている．また，逆散乱法のように可積分性を利用した研究も最近では盛んに行われている．

さて，KdV 方程式のように時間変数 t を独立変数に持つ微分方程式を発展方程式と呼ぶが，発展方程式の解を考えたとき，その解はある有限の時間内 $0 \leq t \leq T$ に限るものなのか，それとも全ての $t \geq 0$ におけるものなのかという問いが生まれる．前者の場合の解を時間局所解，後者の場合の解を時間大域解と呼ぶ．非線形偏微分方程式では，非線形項の影響により時間 t の経過とともに解の大きさが増大してしまうことがある．そのような場合には，付録 A.2 で紹介したような解の爆発現象が起こり，時間局所解しか得られない．したがって，時間大域解の一意存在性を得るためには，初期関数に対して（何らかの意味での）小ささの仮定が必要となることがしばしば起こり得る．なお，上で述べた Bourgain の結果では，初期関数に対して小ささの仮定を与えることなく時間大域解の一意存在性が得られている．その理由を大雑把に述べると，初期値問題 ($\maltese$) の解 $u(x, t)$ に対し，

$$M(u)(t) = \int_0^{2\pi} |u(x, t)|^2 dx$$

---

*2 特定の曲線（または曲面）の周辺に，関数の（時空両変数 (x, t) についての）フーリエ変換がどのように分布しているかによって，その関数の大きさを測る方法である．この方法を用いることで，方程式の非線形項による影響を精密に捉えることが可能となる．なお，「ノルム」という語は，関数などの数学的対象の大きさを指す言葉の総称として用いられる．

により定まる量 $M(u)$ が保存するためである．つまり，全ての $t \geq 0$ に対して $M(u)(t) = M(u)(0) = M(\phi)$ が成立する．このことから，時間 t が経過しても解の大きさは増大せず，全ての $t \geq 0$ における解が得られるのである．

　最後に，非線形偏微分方程式における重要な問題の一つを紹介して本書を締めようと思う．その問題の題材となる非線形偏微分方程式は

$$\begin{cases} \dfrac{\partial U}{\partial t} + (U \cdot \nabla)U = -\nabla p + \Delta U, \\ \nabla \cdot U = 0 \end{cases}$$

で与えられる．この非線形偏微分方程式は未知関数 U および p に対する方程式であり，ナヴィエ – ストークス方程式と呼ばれている．ナヴィエ – ストークス方程式は一般の次元で考えることができるが，ここでは 3 次元の場合のみ考える．その場合，U は 4 変数の 3 次元ベクトル値関数

$$U(x, y, z, t) = (u(x, y, z, t), v(x, y, z, t), w(x, y, z, t))$$

であり，p は 3 変数関数 $p(x, y, z)$ である．また，∇ および Δ は多変数関数の微分演算を表現する記号であり，3 次元の場合は

$$\nabla = \left(\frac{\partial}{\partial x}, \frac{\partial}{\partial y}, \frac{\partial}{\partial z} \right), \quad \Delta = \frac{\partial^2}{\partial x^2} + \frac{\partial^2}{\partial y^2} + \frac{\partial^2}{\partial z^2}$$

と定義される．ここで Δ は第 5 章で出てきたラプラシアンと同様のものであり，∇ はナブラと読む．なお，これらの記号を用いずにナヴィエ – ストークス方程式を表現すると，次のような連立偏微分方程式となる．

$$\begin{cases} \dfrac{\partial u}{\partial t} + u\dfrac{\partial u}{\partial x} + v\dfrac{\partial u}{\partial y} + w\dfrac{\partial u}{\partial z} = -\dfrac{\partial p}{\partial x} + \dfrac{\partial^2 u}{\partial x^2} + \dfrac{\partial^2 u}{\partial y^2} + \dfrac{\partial^2 u}{\partial z^2}, \\ \dfrac{\partial v}{\partial t} + u\dfrac{\partial v}{\partial x} + v\dfrac{\partial v}{\partial y} + w\dfrac{\partial v}{\partial z} = -\dfrac{\partial p}{\partial y} + \dfrac{\partial^2 v}{\partial x^2} + \dfrac{\partial^2 v}{\partial y^2} + \dfrac{\partial^2 v}{\partial z^2}, \\ \dfrac{\partial w}{\partial t} + u\dfrac{\partial w}{\partial x} + v\dfrac{\partial w}{\partial y} + w\dfrac{\partial w}{\partial z} = -\dfrac{\partial p}{\partial z} + \dfrac{\partial^2 w}{\partial x^2} + \dfrac{\partial^2 w}{\partial y^2} + \dfrac{\partial^2 w}{\partial z^2}, \\ \dfrac{\partial u}{\partial x} + \dfrac{\partial v}{\partial y} + \dfrac{\partial w}{\partial z} = 0. \end{cases}$$

ナヴィエ – ストークス方程式は流体の運動を記述する方程式であり，応用上でも非常に重要な方程式として知られている．しかし，現実空間と密接な関係がある 3 次元の場合において，初期値問題の滑らかな時間大域解の一意存在性については（初期関数に対する小ささの仮定なしでは）2022 年の時点で未解決となっている．この未解決問題はミレニアム問題[*3]と呼ばれる難問の 1 つとなっており，100 万ドルの賞金がかけられている．

[*3] クレイ数学研究所が 2000 年 5 月に提唱した数学の未解決難問 7 題を指す．詳しくは [一松] を参照していただきたい．なお，7 題の内の 1 つであるポアンカレ予想は既に解決されている．ナヴィエ – ストークス方程式のミレニアム問題については，例えば [米田] で初学者に向けた解説がされている．

参考文献

微分積分学

[杉浦]　杉浦光夫，解析入門 I，東京大学出版会，1980.
[難波]　難波誠，微分積分学，裳華房，1996.

フーリエ解析・ラプラス変換・常微分方程式

[新井]　新井仁之，新・フーリエ解析と関数解析学，培風館，2010.
[金子 1]　金子晃，微分方程式講義，サイエンス社，2014.
[森本]　森本光生，関数解析とフーリエ級数，朝倉書店，1996.
[矢野, 石原]　矢野健太郎，石原繁，基礎解析学（改訂版），裳華房，1993.

超関数

[垣田]　垣田高夫，シュワルツ超関数入門，日本評論社，1999.
[シュワルツ]　L. シュワルツ，超函数の理論（原書第 3 版）（岩村聯，石垣春夫，鈴木文夫訳），岩波書店，1971.

偏微分方程式

[金子 2]　金子晃，偏微分方程式入門，東京大学出版会，1998.
[熊ノ郷]　熊ノ郷準，偏微分方程式，共立出版，1978.
[クライツィグ]　E. クライツィグ，フーリエ解析と偏微分方程式（阿部寛治訳），培風館，2003.
[堤]　堤誉志雄，偏微分方程式論 ——基礎から展開へ——，培風館，2004.
[俣野, 神保]　俣野博，神保道夫，熱・波動と微分方程式，岩波書店，2004.
[溝畑]　溝畑茂，偏微分方程式論，岩波書店，1965.

数値解析

[菊地, 齊藤]　菊地文雄，齊藤宣一，数値解析の原理 ——現象の解明をめざして——，岩波書店，2016.
[洲之内]　洲之内治男，数値計算 [新訂版]（石渡恵美子改訂），サイエンス社，2002.
[十河]　十河清，非線形物理学 ——カオス・ソリトン・パターン——，裳華房，2010.
[水島, 柳瀬, 石原]　水島二郎，柳瀬眞一郎，石原卓，理工学のための数値計算法 [第 3 版]，数理工学社，2019.

非線形波動

[大宮]　大宮眞弓，非線形波動の古典解析，森北出版，2008.
[田中]　田中光宏，非線形波動の物理，森北出版，2017.

KdV 方程式

[Bourgain]　J. Bourgain, Fourier transform restriction phenomena for certain lattice subsets and applications to nonlinear evolution equations. II. The KdV-equation,

Geom. Funct. Anal. 3 (1993), 209–262.

[GGKM I]　C. S. Gardner, J. M. Greene, M. D. Kruskal and R. M. Miura, Method for solving the Korteweg-de Vries equation, Phys. Rev. Lett. 19 (1967), 1095–1097.

[GGKM II]　C. S. Gardner, J. M. Greene, M. D. Kruskal and R. M. Miura, Korteweg-de Vries equations and generalizations. VI. Methods for exact solution, Comm. Pure Anal. Math. 27 (1974), 97–133.

その他

[オーシュコルヌ, シュラットー]　B. オーシュコルヌ, D. シュラットー, 世界数学者辞典 (熊原啓作訳), 日本評論社, 2015.

[一松]　一松信ほか, 数学七つの未解決問題 —あなたも 100 万ドルにチャレンジしよう！—, 森北出版, 2002.

[米田]　米田剛, 数理流体力学への招待 —ミレニアム懸賞問題から乱流へ—, サイエンス社, 2020.

索引

著者略歴

岡　康之（おか　やすゆき）
　　2011 年　　上智大学大学院 博士後期課程理工学研究科数学専攻 修了
　　　　　　　博士（理学）［上智大学］
　　現　　在　大同大学教養部数学教室 准教授

平山　浩之（ひらやま　ひろゆき）
　　2014 年　　名古屋大学大学院 博士後期課程多元数理科学研究科多元数理科学専攻 修了
　　　　　　　博士（数理学）［名古屋大学］
　　現　　在　宮崎大学教育学部 准教授

鈴木　俊夫（すずき　としお）
　　2017 年　　筑波大学大学院 博士後期課程数理物質科学研究科数学専攻 修了
　　　　　　　博士（理学）［筑波大学］
　　現　　在　東京理科大学理学部第一部応用数学科 助教

藤ノ木　健介（ふじのき　けんすけ）
　　2013 年　　広島市立大学大学院 博士後期課程情報科学研究科情報科学専攻 修了
　　　　　　　博士（情報科学）［広島市立大学］
　　現　　在　神奈川大学工学部電気電子情報工学科 准教授

こうかけい
へんびぶんほうていしきにゅうもん
工科系のための偏微分方程式入門

2023 年 3 月 10 日　第 1 版　第 1 刷　印刷
2023 年 3 月 30 日　第 1 版　第 1 刷　発行

著　者	岡　　康　之	
	平 山 浩 之	
	鈴 木 俊 夫	
	藤 ノ 木 健 介	
発 行 者	発 田 和 子	
発 行 所	株式会社　学術図書出版社	

〒113-0033　東京都文京区本郷 5 丁目 4 の 6
TEL 03-3811-0889　振替 00110-4-28454
印刷　三和印刷（株）

定価はカバーに表示してあります.

ⓒ 2023　Y. OKA, H. HIRAYAMA,
T. SUZUKI, K. FUJINOKI
Printed in Japan
ISBN978-4-7806-1092-5　　C3041